Oldtimer

Cadillac Serie 62 Special

Inhalt

1886–1920
Konkurrenzkampf der Motorwagen

Audi Alpensieger Typ C

August Horch, Gründer der Zwickauer
Horchwerke AG, verließ 1909 das
von ihm aufgebaute Unternehmen
und initiierte eine neue Automobilfabrik, die er aus rechtlichen Gründen aber nicht mehr nach seinem
Namen benennen durfte. Mit einem

Hubraum/Zylinder: 3564 ccm / 4 Zyl.
PS/kW: 35/25,6
Bauzeit: 1912–1921
Stückzahl: –

Trick – der Übersetzung seines Namens ins Lateinische (horch =
audi) – rief er die Audi-Werke ins Leben. Audi fertigte diverse
großvolumige Vierzylinder-Wagen und lancierte 1911 das Modell
Alpensieger. Durch eine einmalige Siegesserie von 1912 bis 1914
in Folge erntete diese Baureihe auf der schwierigsten Langstrecken-
konkurrenz der Welt, der Internationalen Österreichischen Alpenfahrt, besonderen Ruhm. Nach dem Ersten Weltkrieg zählte Audi
übrigens zu den Herstellern, die als erste den Schalthebel für das
Getriebe nicht mehr außen, sondern in der Wagenmitte platzierten.

Benz Patent Motorwagen

Karl Benz kam 1844 in Karlsruhe zur Welt und studierte dort später an der Polytechnischen Hochschule. Seine Ideen und deren Umsetzung nahmen Fahrt auf, als er mit Max Rose und Friedrich Wilhelm Esslinger 1883 die Firma Benz & Co. Rheinische Gas-

Hubraum/Zylinder: 954 ccm/1 Zyl.
PS/kW: 0,75/0,5
Bauzeit: 1886
Stückzahl: Einzelstück/Versuchswagen

motorenfabrik in Mannheim gründete. In dieser finanziell gesicherten Konstellation fand Karl Benz ein Umfeld, das seine Vision der individuellen Mobilität Realität werden ließ; hier entwickelte er seinen Motorwagen – nicht einfach eine motorisierte Kutsche, sondern eine vollkommen eigenständige Konstruktion. 1886 war es so weit: Am 29. Januar meldete er sein dreirädriges Fahrzeug mit Gasmotorenantrieb zum Patent an – das erste Automobil der Welt war offiziell geboren.

Daimler Stahlradwagen

Gottlieb Daimlers letzte Station vor der Selbstständigkeit war 1872 die Gasmotorenfabrik im Kölner Vorort Deutz. Nachdem er 1882 aufgrund von Differenzen mit dem Management das Werk verlassen hatte, investierte er Vermögen und Tatendrang in eine eigene Versuchswerkstatt im Garten seiner Cannstatter Villa. Gemeinsam mit Wilhelm Maybach hatte er nach langwierigen Tüfteleien das Viertaktprinzip des Otto-Motors verfeinert und optimiert, sodass endlich ein kompakter Motor für den Einbau in ein Fahrzeug zur Verfügung stand. Zunächst trieb er 1885 das erste Motorrad der Welt – den Daimler Reitwagen – an. Eine weiterentwickelte Ausführung installierten Maybach und Daimler 1886 im weltweit ersten vierrädrigen Automobil – nahezu zeitgleich, aber ohne es zu wissen, mit dem Dreirad von Karl Benz.

Hubraum/Zylinder: 565 ccm/1 Zyl.
PS/kW: 1,5/1,1
Bauzeit: 1889
Stückzahl: –

Hansa A 16

Von der vielversprechenden Konjunk-tur des Automobilbaus vor dem Ersten Weltkrieg motiviert, expandierten die in Varel bei Oldenburg ansässigen Hansa-Werke, um sich neben dem Bau von Kleinwagen auch größeren Projekten widmen zu

Hubraum/Zylinder: 1550 ccm/4 Zyl.
PS/kW: 16/11,7
Bauzeit: 1909–1912
Stückzahl: –

können: Sportwagen sollten das Programm bereichern, doch bevor diese Fahrzeugklasse debütierte, entwickelte man 1908 quasi als Standbein einen soliden Vierzylinder-Wagen, der in zahlreichen Karosserieversionen zu haben war. Wie damals üblich, besaß der Motor paarweise gegossene Zylinder. Ein Kardanantrieb besorgte die Kraftübertragung zur Hinterachse, das Getriebe konnte per außenliegender Kulissenschaltung bedient werden. 1914 schloss sich Hansa mit der Norddeutschen Maschinen- und Armaturenfabrik zusammen, um unter dem neuen Namen Hansa-Lloyd eine erweiterte Modellpalette auf den Markt zu bringen.

Mercedes 35 PS

Elf Jahre nachdem der Daimler Stahlradwagen auf die Räder gestellt
wurde, begegnete Wilhelm Maybach jenem Mann, ohne den es die
Bezeichnung Mercedes nie gegeben hätte: Emil Jellinek. Jellinek, ein
wohlhabender Geschäftsmann, wohnte in Baden bei Wien sowie in
Nizza in seiner Villa „Mercedes". Als Jellinek von den fortschrittlichen Fahrzeugen der Daimler-Motoren-Gesellschaft (DMG) erfahren hatte, nahm er mit der DMG Kontakt auf und bestellte zahlreiche
Wagen, die er selbst äußerst erfolgreich verkaufen konnte. Im April
1900 vereinbarte die DMG mit Jellinek den gemeinsamen Fahrzeug-
vertrieb, um die Wagen nun unter dem Namen Mercedes auf den
Markt zu bringen. Diese Bezeichnung wurde gewählt, weil Mercedes
einerseits das Pseudonym für Jelli-
nek, aber auch der Vorname seiner
zehnjährigen Tochter war!

Hubraum/Zylinder: 5913 ccm/4 Zyl.
PS/kW: 35/25,7
Bauzeit: 1901
Stückzahl: –

Mercedes Simplex 28/32 PS

Schon der erste Mercedes – das
Modell 35 PS – ging als technische
Sensation in die Automobilgeschichte ein. Während die Masse
der Autos längst noch nicht dem
Zeitalter motorisierter Kutschen
entwachsen war, trug der Mercedes

Hubraum/Zylinder:	5315 ccm/4 Zyl.
PS/kW:	32/23,4
Bauzeit:	1901–1905
Stückzahl:	–

mit langem Radstand, breiter Spur und niedrigem Aufbau erstmals
die für ein Automobil typischen Züge. Verstärkt wurde das positive
Image durch die legendären Siege auf der Rennwoche in Nizza.
Persönlichkeiten wie der amerikanische Milliardär Rockefeller
zählten bald zu den Mercedes-Stammkunden. Um die Modellpalette
abzurunden, entwickelte die DMG unter dem Label Mercedes zwei
weitere Wagen, die sich durch eine komfortablere, simplere Bedienung auszeichnen sollten. Ergo nannte man sie Mercedes Simplex,
und das erste Modell, das im März 1902 ausgeliefert wurde, ging
natürlich wieder an Emil Jellinek.

Opel Lutzmann

Die Basis für das heute weltweit operierende Unternehmen Opel legte Firmengründer Adam Opel, als er 1862 in Handarbeit seine erste Nähmaschine baute. 13 Jahre nach dem Start der Fahrradherstellung (1886) wurde 1899 das erste Automobil, der

Hubraum/Zylinder:	1500 ccm/4 Zyl.
PS/kW:	4/2,9
Bauzeit:	1898
Stückzahl:	–

Opel Patent-Motorwagen System Lutzmann, gefertigt: Nach einigen Informationsreisen erwarben die Opel-Brüder am 21. Januar 1899 die Anhaltische Motorwagenfabrik des Dessauers Friedrich Lutzmann und begannen mit dem Aufbau einer Automobilproduktion in Rüsselsheim. Die ersten von Lutzmann entwickelten Motorwagen entsprachen den frühen Konstruktionen anderer Tüftler und wurden mit einer Drehschemel-Lenkung bestückt. Ein horizontal platzierter Einzylindermotor trieb die Hinterräder über eine Vorgelegewelle und mehrere Flachriemen an – dem Wagenlenker standen zwei Vorwärtsgänge sowie ein Rückwärtsgang zur Verfügung, wobei der Gangwechsel über einen Handhebel an der Lenksäule erfolgte.

Opel Doktorwagen 4/8 PS

Der endgültige Durchbruch auf dem
deutschen Automobilmarkt gelang
der Rüsselsheimer Autoschmiede im
Jahr 1909, als man den Typ 4/8 PS
präsentierte. Dieses legendäre Auto,
im Volksmund schon damals „Doktor-
wagen" genannt, kostete mit 3950

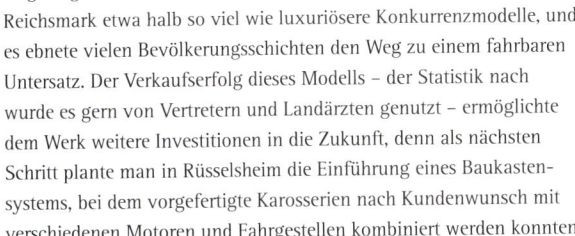

Hubraum/Zylinder: 1128 ccm/4 Zyl.
PS/kW: 8/5,9
Bauzeit: 1909
Stückzahl: –

Reichsmark etwa halb so viel wie luxuriösere Konkurrenzmodelle, und
es ebnete vielen Bevölkerungsschichten den Weg zu einem fahrbaren
Untersatz. Der Verkaufserfolg dieses Modells – der Statistik nach
wurde es gern von Vertretern und Landärzten genutzt – ermöglichte
dem Werk weitere Investitionen in die Zukunft, denn als nächsten
Schritt plante man in Rüsselsheim die Einführung eines Baukasten-
systems, bei dem vorgefertigte Karosserien nach Kundenwunsch mit
verschiedenen Motoren und Fahrgestellen kombiniert werden konnten.

Piccolo

Hugo Ruppe, Juniorchef der 1854 im thüringischen Apolda gegründeten Eisengießerei A. Ruppe & Sohn, konstruierte 1904 einen Motorwagen mit luftgekühltem Zweizylindermotor, der unter dem Markennamen und der Modellbezeichnung Piccolo auf den Markt gebracht wurde. Dem Erfolg des Wägelchens angemessen, forcierte man den Automobilbau und entwickelte für 1910 als eine Art Einstiegsmodell den noch sparsamer ausgestatteten Piccolo Mobbel, der damals als eines der simpelsten Automobile überhaupt galt. Neben den Voituretten wurden in Apolda noch verschiedene Vierzylindermodelle gefertigt, deren besonderes Konstruktionsmerkmal ebenfalls der luftgekühlte Motor war. Als die gut florierende Firma 1908 in eine Aktiengesellschaft umgewandelt wurde, beschäftigte man bereits über 600 Mitarbeiter.

Hubraum/Zylinder: 704 ccm/2 Zyl.
PS/kW: 5/3,7
Bauzeit: 1909
Stückzahl: –

Scheibler 24 HP

Die großen Vierzylinder-Wagen, die
die Firma Scheibler um 1905 herum
baute, zählten mit zu dem Quali-
tativsten, was der deutsche Markt
zu bieten hatte. Hohe Stückzahlen
blieben für den Konstrukteur und
Automobilfabrikanten Fritz Scheibler

Hubraum/Zylinder: 4400 ccm/4 Zyl.
PS/kW: 24/17,6
Bauzeit: 1905
Stückzahl: –

allerdings ein Traum. Er bediente einen relativ kleinen Kundenkreis,
der das Außergewöhnliche zu schätzen wusste und dementsprechend
tiefer in den Geldbeutel griff. Bevor Scheibler die größere Wagen-
klasse forcierte, baute er seit 1899 diverse kleine Ein- und Zwei-
zylinderwagen mit Reibradantrieb. Diese gemeinsam mit dem
Konstrukteur Willi Seck entwickelten Modelle ließen sich auch auf
dem ausländischen Markt gut verkaufen. 1907 stellte Scheibler den
Bau von Personenwagen ein, um sich ausschließlich auf das Last-
wagengeschäft zu konzentrieren.

Wanderer 5/12 PS

Als Konkurrenzmodell zu den Adler-
Automobilen gedacht, brachte
Johann Winklhofer – Gründer der
Marke Wanderer – 1912 eine Baureihe kleiner Vierzylinder-Wagen auf
den Markt, die vor allem durch ihre
hintereinander angeordneten Tan-
demsitze auffiel. Die auf den ersten Blick vielleicht spartanisch aus-

Hubraum/Zylinder: 1145 ccm/4 Zyl.
PS/kW: 12/8,8
Bauzeit: 1912–1914
Stückzahl: –

sehenden Vehikel (sie wurden im Volksmund „Puppchen" genannt)
avancierten dank reichhaltiger technischer Ausstattung bald zum
Bestseller – welch anderes Automobil dieser Fahrzeugklasse besaß
schon eine fortschrittliche Druckumlaufschmierung mit Öldruck-
manometer am Armaturenbrett oder abnehmbare Drahtspeichenräder, um nur einige Ausstattungsdetails zu nennen. Wanderer
behielt die Baureihe, die im Laufe der Jahre von reichlich Modellpflege profitierte, bis 1925 im Programm.

De Dion-Bouton „Vis-à-vis"

Auf der Suche nach einem ausge-
fallenen Geschenk lernte Graf de
Dion 1882 die Herren Bouton und
Trepardoux – Hersteller von Dampf-
maschinenmodellen – kennen. Der
technikbegeisterte Graf fand in dem
Duo interessante Gesprächspartner,

Hubraum/Zylinder: 942 ccm/1 Zyl.	
PS/kW: 8/5,9	
Bauzeit: 1901	
Stückzahl: –	

die sich – genau wie er – seit längerem schon mit dem Gedanken
befassten, ein per Dampfkraft angetriebenes Fortbewegungsmittel
zu bauen. Gemeinsam konstruierten sie 1883 ein Dampfautomobil,
doch als kurze Zeit später die ersten Motorwagen Furore machten,
beschlossen Bouton und de Dion, sich für die Zukunft intensiver mit
Explosionsmotoren zu befassen – Trepardoux, der weiterhin Dampfkraft favorisierte, kehrte dem Trio den Rücken. Der erste ab 1899 in
Serie gebaute Motorwagen der Marke De Dion-Bouton erhielt übrigens die Typenbezeichnung „Vis-à-vis" – bei diesem Modell saßen
sich Fahrer und Beifahrer gegenüber.

De Dion-Bouton „Q"

Während bei frühen De Dion-Bouton-
Motorwagen das Antriebsaggregat
noch im Heck platziert wurde, baute
man es bei den Nachfolgemodellen
schon vorn ein und montierte hinten
lediglich das Getriebe. Dieses Baumuster ist bei heckangetriebenen

Hubraum/Zylinder:	694 ccm/1 Zyl.
PS/kW:	6/4,4
Bauzeit:	1903
Stückzahl:	–

Fahrzeugen vom Prinzip her noch heute gültig, doch vieles andere,
was vor mehr als 100 Jahren als modern galt, veranlasst uns heute
zum Schmunzeln: So wurde zum Abbremsen des De Dion-Boutons
beispielsweise nur der Handbremshebel nach vorn gedrückt, denn
ein Bremspedal im herkömmlichen Sinn besaß der Wagen noch
nicht. Weil der Motor praktisch immer auf Vollgas lief, war Gas-
geben aus heutiger Sicht unmöglich. Um langsamer fahren zu
können, musste man die Drehzahl mittels eines kleinen an der Lenksäule montierten Hebels verringern – funktioniert hat es trotzdem!

Le Zebre Typ D

1909 entwickelten die Ingenieure Salomon und Lamy einen kleinen Einzylinder-Wagen mit zwei Gängen, der bald wegen seiner Zuverlässigkeit in ganz Frankreich populär wurde. Die etwas sonderbare Modellbezeichnung „Zebre" (Zebra) soll

Hubraum/Zylinder:	998 ccm/4 Zyl.
PS/kW:	15/11
Bauzeit:	1914–1920
Stückzahl:	–

angeblich gewählt worden sein, weil dies der Spitzname eines flinken Dienstboten der Firma war und dem Automobil derselbe Charakter zugeschrieben wurde. Bevor sich Jules Salomon als Konstrukteur bei Citroen entfalten konnte, stellte er schnell noch einen weiteren Le Zebre auf die Räder, der sich in einigen Punkten durch interessante Details von vielen anderen Automobilen unterschied – so sicherte man die Speichenräder nicht wie allgemein üblich durch eine Zentralmutter, sondern darüber hinaus noch mit einer Drahtsicherung und einer Klemmspange.

Ours 10/12 PS

Frankreich gehört zu den Ländern, die
schon frühzeitig von einer industriel-
len Hochkonjunktur profitierten:
Zwischen 1870 und 1910 siedelten
sich vor allem rund um Paris viele
Unternehmen an, darunter auch jede
Menge Automobilhersteller. Von

Hubraum/Zylinder: 1495 ccm/3 Zyl.
PS/kW: 12/8,8
Bauzeit: 1906–1909
Stückzahl: –

einer Produktion im heutigen Sinne konnte natürlich noch keine
Rede sein. Es wurde viel experimentiert. Einige schafften den Aufstieg, andere Tüftler hängten den Fahrzeugbau schnell wieder an
den Nagel. Unter anderem zählte die Firma Ours zu den Verlierern.
Sie baute nur für kurze Zeit einige Dreizylinder- und Vierzylinder-
Wagen, die vor allem durch den kreisrunden Kühlergrill auffielen.
Während die größeren Modelle oft als Taxis genutzt wurden, handelte es sich bei den Dreizylindern um leichte Voituretten mit überwiegend offenen Karosserieaufbauten.

Panhard 10 CV

Es ist schwer, sich die Entwicklung der französischen Automobilgeschichte ohne die Pioniere René Panhard und Emile Levassor vorzustellen. Das Duo erwarb 1890 eine Lizenz für Daimlers Motorwagen, der quasi den Grundstein für

Hubraum/Zylinder: 435 ccm/2 Zyl.
PS/kW: 9/6,6
Bauzeit: 1903
Stückzahl: –

ihre Karriere legte. Entgegen Daimlers Konzept platzierte Levassor das Antriebsaggregat nicht im Heck, sondern im Bereich vor der Lenksäule – die Kraftübertragung des Zweizylinders auf die Hinterräder erfolgte über einen Kettenantrieb. Nach einer Nonstop-Fahrt von 48 Stunden siegte 1895 ein Wagen dieses Baumusters auf der Rallye Paris–Marseille–Paris. Statistisch betrachtet lag die Durchschnittsgeschwindigkeit über die Distanz von 1175 Kilometern bei etwa 30 km/h – für einen Motorwagen der ersten Stunde ein durchaus beachtenswertes Ergebnis.

Peugeot Typ 4

1890 startete Armand Peugeot das
Automobilgeschäft der „Löwen-
marke". Da das elterliche Stamm-
unternehmen die neue Technik
äußerst misstrauisch beäugte, fand
eine Abspaltung vom bereits bestehenden Firmenteil statt, aber der

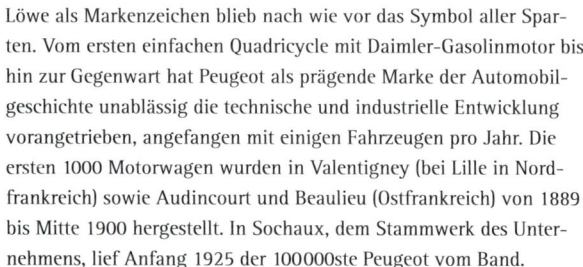

Hubraum/Zylinder: 1018 ccm/2 Zyl.
PS/kW: 3,5/2,6
Bauzeit: 1892
Stückzahl: –

Löwe als Markenzeichen blieb nach wie vor das Symbol aller Sparten. Vom ersten einfachen Quadricycle mit Daimler-Gasolinmotor bis
hin zur Gegenwart hat Peugeot als prägende Marke der Automobilgeschichte unablässig die technische und industrielle Entwicklung
vorangetrieben, angefangen mit einigen Fahrzeugen pro Jahr. Die
ersten 1000 Motorwagen wurden in Valentigney (bei Lille in Nord-
frankreich) sowie Audincourt und Beaulieu (Ostfrankreich) von 1889
bis Mitte 1900 hergestellt. In Sochaux, dem Stammwerk des Unternehmens, lief Anfang 1925 der 100000ste Peugeot vom Band.

Renault Typ T

Vielen Tüftlern genügte vor mehr
als 100 Jahren oft eine auf das Not-
wendigste eingerichtete Werkstatt,
um ein Automobil zu konstruieren,
wobei die Gefahr groß war, von der
Allgemeinheit ausgelacht zu werden.
So dürfte es auch Louis Renault

Hubraum/Zylinder: 1885 ccm/2 Zyl.
PS/kW: 14/10,3
Bauzeit: 1909
Stückzahl: –

gegangen sein, der Heiligabend 1898 mit der Probefahrt seines
ersten Motorwagens gewiss für Aufmerksamkeit sorgte, denn dieses
Gefährt mit nur 1110 mm Radstand war nichts anderes als ein zur
vierrädrigen Voiturette umgebautes Dreirad der Marke De Dion-
Bouton. Permanent verbessert und weiterentwickelt, verwandelte
Renault das Tricycle schnell zu einem für die Zeit typischen Automobil, das unter der Bezeichnung Typ A ein Jahr später in Serie
gebaut wurde. Mit dem Typ T debütierte 1903 schließlich der erste
Renault, der nicht mehr mit dem Motor eines Fremdherstellers,
sondern mit einer Eigenkonstruktion bestückt wurde.

Sizaire-Naudin Typ F

Der solide Einzylindermotor, den der französische Automobilhersteller De Dion-Bouton als sogenanntes Einbauaggregat auch an Mitbewerber lieferte, mobilisierte unter anderem kleine Sportwagen, die Louis Naudin nach den Entwürfen seiner Partner

Hubraum/Zylinder:	1583 ccm/1 Zyl.
PS/kW:	9,5/7
Bauzeit:	1908
Stückzahl:	–

Maurice und Georges Sizaire ab 1905 produzierte. Viele Automobilhersteller bedienten sich seinerzeit dieses Aggregats. So sparten sie Entwicklungskosten, außerdem galten die in Großserie produzierten Zulieferteile als äußerst zuverlässig. 1911 ergänzte Sizaire-Naudin die Modellpalette der Einzylinder-Wagen um einen Vierzylinder, der nach Ende des Ersten Weltkriegs noch zwei Jahre weitergebaut wurde. Die Brüder Sizaire, die sich bereits nach kurzer Zeit von Naudin trennten, gründeten später unter dem Namen Sizaire-Frères ihre eigene Firma, wo der erste Wagen der Welt mit Einzelradaufhängung entwickelt wurde.

Morris Oxford

Genau genommen war das erste Automobil, das William Morris 1913 auf den Markt brachte, alles andere als eine hundertprozentige Eigenkonstruktion – Morris bediente sich, wo immer es ging, aus dem Angebot der Zulieferer. So stammte der Motor

| Hubraum/Zylinder: 1011 ccm/4 Zyl. |
| PS/kW: 11/8 |
| Bauzeit: 1913–1914 |
| Stückzahl: – |

aus dem Hause White & Poppe, die Achsen von Wrigley, die Räder von Sankey und die Karosserie von Raworth. Die Fachpresse bezeichnete den Morris Oxford immerhin als das beste aus Fremdteilen gefertigte Automobil seiner Zeit. Mit dem Nachfolger, dem 1915 vorgestellten Morris Cowley, wurde die Marke dann richtig bekannt. Wagen der ersten Serie wurden mit Antriebsaggregaten der amerikanischen Continental Motors Company bestückt, die nach dem Ersten Weltkrieg gefertigten Fahrzeuge erhielten Hotchkiss-Motoren.

Rolls-Royce

Henry Royce, der 1884 eine Firma für Elektrotechnik gründete, war nicht nur ein einflussreicher Geschäftsmann, sondern auch ein Tüftler, der sich am liebsten mit der noch jungen Automobiltechnik befasste. Charles Stewart Rolls, der im Raum London Luxusautomobile vermittelte, wurde auf Royce aufmerksam und man einigte sich, ab 1904 unter dem Markennamen Rolls-Royce eine Automobilproduktion aufzunehmen. Im Zuge ständiger Weiterentwicklungen basierte die Modellpalette auf den Typen 10 HP mit zwei Zylindern, dem 15 HP mit drei Zylindern, einem 20 HP mit vier Zylindern und dem sechszylindrigen Nobelwagen 30 HP. Schon damals zierte von der Optik her jeden Wagen ein Kühler, dessen klassisches Design noch heute für Rolls-Royce mustergültig ist! Mit Liebe zum Detail, sorgfältigster Verarbeitung und solider Konstruktion setzte diese Marke gleich zu Beginn des Automobilbaus einen Standard, der noch immer als vorbildlich gilt.

Hubraum/Zylinder: 1800 ccm / 2 Zyl.
PS/kW: 10/7,4
Bauzeit: 1904
Stückzahl: –

Rolls-Royce Silver Ghost

Der 1906 entwickelte Silver Ghost,
ein imposanter Wagen mit seiten-
gesteuertem Motor, bildete für Rolls-
Royce eine Art Basisprodukt, das bis
1924 ununterbrochen gebaut wurde.
Unter der Haube dieses Wagens, die
meist aus blank polierten Blechteilen

Hubraum/Zylinder: 7036 ccm/6 Zyl.
PS/kW: ca. 48/35,3
Bauzeit: 1906–1924
Stückzahl: –

bestand, präsentierte sich eine aufwendige Technik, die zu jener Zeit
keinen Vergleich zu scheuen brauchte. Mit seiner siebenfach gela-
gerten Kurbelwelle erreichte der Rolls-Royce-Motor (Reihenmotor
mit zwei Zylinderblöcken) eine Laufruhe, die ihresgleichen suchte.
Dass fast kein Silver Ghost dem anderen glich, lag an der Tatsache,
dass viele Käufer lediglich ein Chassis (wahlweise mit kurzem oder
langem Radstand) orderten – der Aufbau wurde nach individuellen
Wünschen von Karosseriebauexperten gefertigt.

Rover 8 HP

Die von John Starley und William
Sutton in Coventry gegründete Firma
Rover konnte bereits auf 20 Jahre Firmengeschichte (Fahrradproduktion)
zurückblicken, bevor sie 1904 ihr erstes Automobil präsentierte. Starley,
der 1901 verstarb, erlebte den Pro-

Hubraum/Zylinder: 1327 ccm/1 Zyl.
PS/kW: 8/5,9
Bauzeit: 1904–1912
Stückzahl: ca. 2200

duktionsbeginn nicht mehr, doch es war in seinem Sinne, dass Rover
zur Motorisierung Großbritanniens beitragen wollte. Um im Automobilbau Fuß fassen zu können, stellte Rover 1903 einen ehemaligen
Chefingenieur der britischen Daimler Company als Entwicklungsleiter
ein: Edmund Lewis war für Rover kein Unbekannter – immerhin hatte
er nebenbei für seinen neuen Arbeitgeber schon das erste Rover-
Motorrad konstruiert. Der erste Rover, der 8 HP anno 1904, besaß
übrigens einen Zentralträgerrahmen aus Aluminiumguss, und auch
für den Karosserieaufbau wurden Leichtmetallgussteile verwendet.

Swift Typ Ten

Nach dem Bau von Nähmaschinen, Fahrrädern und Motorrädern versuchte sich das in Coventry angesiedelte Unternehmen 1900 erstmals im Bau sogenannter spartanischer Cyclecars – einer Fahrzeugklasse, die zu dieser Zeit in Frankreich sehr

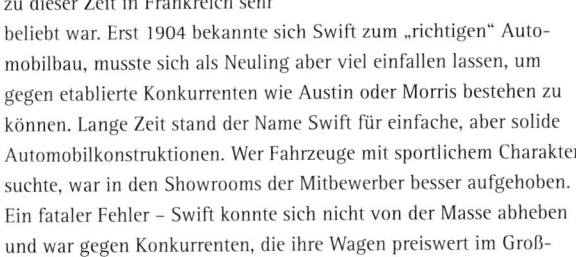

Hubraum/Zylinder: 1100 ccm/4 Zyl.
PS/kW: 12/8,8
Bauzeit: 1918
Stückzahl: –

beliebt war. Erst 1904 bekannte sich Swift zum „richtigen" Automobilbau, musste sich als Neuling aber viel einfallen lassen, um gegen etablierte Konkurrenten wie Austin oder Morris bestehen zu können. Lange Zeit stand der Name Swift für einfache, aber solide Automobilkonstruktionen. Wer Fahrzeuge mit sportlichem Charakter suchte, war in den Showrooms der Mitbewerber besser aufgehoben. Ein fataler Fehler – Swift konnte sich nicht von der Masse abheben und war gegen Konkurrenten, die ihre Wagen preiswert im Großserienbau auf die Räder stellten, so gut wie machtlos.

Alfa Romeo 24 HP

Die Geschichte von Alfa Romeo
begann in Portello, im Nordwesten
Mailands, nahe der Straße zum Sim-
plonpass. Hier ließ der französische
Automobilbauer Alexandre Darracq
1906 ein Automobilwerk errichten,
doch seine automobilen Lizenzpro-

Hubraum/Zylinder:	2413 ccm/4 Zyl.
PS/kW:	24/17,6
Bauzeit:	1910
Stückzahl:	–

dukte bewährten sich nicht auf dem italienischen Markt. So über-
nahmen Geschäftsleute aus der Lombardei das Werk und gründeten
die Società Anonima Lombarda Fabricia Automobili (A.L.F.A.), der
späteren Marke Alfa Romeo. 1910 verließ der erste A.L.F.A. das Werk
in Portello. Er stammte aus der Feder des Konstrukteurs Giuseppe
Merosi und kam als Modell 24 HP auf den Markt. Trotz dem Image
der Wagen war die wirtschaftliche Lage des Unternehmens der politischen Lage entsprechend besorgniserregend – Pläne, Automobile
weltweit zu exportieren, mussten vorerst auf Eis gelegt werden.

Fiat 16/20 HP

**Die Fabbrica Italiana di Automobili
Torino** (F.I.A.T.) wurde am 11. Juli
1899 in Turin gegründet; zu einer
Zeit also, in der die piemontesische
Stadt generell ein lebhaftes indus-
trielles Wachstum verzeichnen
konnte. Als die ersten Werksanlagen

Hubraum/Zylinder:	4368 ccm/4 Zyl.
PS/kW:	20/14,6
Bauzeit:	1903–1906
Stückzahl:	–

1900 im Corso Dante eingeweiht wurden, fertigten 35 Arbeiter im
ersten Jahr gerade 24 Fahrzeuge – eine Stückzahl, die aufgrund der
Handarbeit dem üblichen Durchschnitt entsprach. Neben den Präsidenten der Gesellschaft fungierte Giovanni Agnelli als Sekretär des
Verwaltungsrats. Durch seine Entschlossenheit und strategische Denk-
weise hatte er sich 1902 bereits zum Geschäftsführer hochgearbeitet.
Gleich nach Erscheinen des ersten Fiat (Typ 4 HP) regte Agnelli zu
Werbezwecken eine Automobiltour durch Italien und eine Präsentation auf der Mailänder Ausstellung an, um die Motorwagen mit dem
ovalen Firmenemblem auf blauem Hintergrund bekannt zu machen.

Lancia Alpha

Unter allen Automobilherstellern weltweit zählt Lancia nicht unbedingt zu den allerältesten – aber sicherlich zu den innovativsten Unternehmen. Vincenzo Lancia, ein leidenschaftlicher Techniker und kreativer Perfektionist, eröffnete

Hubraum/Zylinder: 2543 ccm/4 Zyl.
PS/kW: 28/20
Bauzeit: 1908
Stückzahl: –

1908 im Turiner Vorort San Paolo mit seinem Partner Claudio Fogolin die gemeinsame Werkstatt namens Lancia & C. Fabbrica Automobili, in der das erste Lancia-Automobil, der Typ 12 HP, auf die Räder gestellt wurde. Der später „Alpha" genannte Wagen wurde mit einem Reihenvierzylinder bestückt, der seine Leistung bei 1800 U/min abgab – für damalige Verhältnisse war das eine schwindelerregend hohe Drehzahl und ein erster Hinweis auf Lancias Vorliebe für sportliche Antriebe, die den Charakter der Marke prägen sollte. Auch das Modell Theta von 1913 sorgte für Aufmerksamkeit: Hier konnte der elektrische Anlasser per Fußpedal betätigt werden, eine Batterie versorgte die Zündung und die Lichtanlage.

SPA 30/40 HP

Unter dem Kürzel SPA ließ Giovanni
Ceirano 1906 seine Società Ligure
Piemontese Automobili ins Handels-
register eintragen, denn der am
Motorsport interessierte Italiener
hatte sich zum Ziel gesetzt, leis-
tungsstarke Sportwagen auf die
Räder zu stellen, die auf Veranstaltungen wie der Targa Florio der
Konkurrenz das Fürchten lehren sollten. Bereits im ersten Jahr verließen etwa 300 Wagen seine Turiner Werkshallen – dabei handelte
es sich im Wesentlichen um ein Modell mit 7785 ccm Hubraum und
eines mit 11 677 ccm. 1910 rundete Ceirano das Angebot nach unten
hin ab: Anstelle wuchtiger Fahrzeuge mit langem Radstand debütierte nun ein handlicher Vierzylinder. Leider stand für SPA die
Wiederaufnahme des Automobilbaus nach dem Ersten Weltkrieg
unter einem schlechten Stern und das kurze Comeback reichte nicht,
um auf dem Markt bestehen zu können – 1926 wurde das Unternehmen von Fiat übernommen.

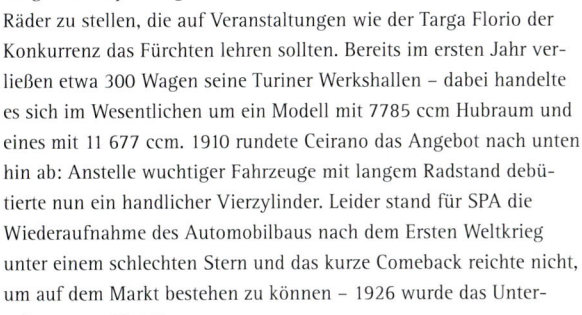

Hubraum/Zylinder: 2658 ccm/4 Zyl.
PS/kW: 40/29,3
Bauzeit: 1912
Stückzahl: –

Austro Daimler 14/32 PS

Als sich 1910 die österreichische
Daimler-Motoren-Gesellschaft vom
Stammhaus in Untertürkheim löste
und eigene Automobile unter dem
Namen Austro Daimler auf die Räder
stellte, erhielt das Werk die kaiser-
liche Genehmigung, den österrei-

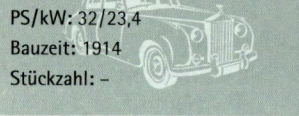

Hubraum/Zylinder: 4000 ccm/4 Zyl.
PS/kW: 32/23,4
Bauzeit: 1914
Stückzahl: –

chischen Doppeladler im Markenemblem führen zu dürfen. Austro
Daimler entwickelte hauptsächlich sportliche Hochleistungswagen,
die im Wettbewerbssport wie den legendären Prinz-Heinrich- oder
späteren Alpenfahrten zahlreiche Siege einfuhren. Rallyesport im
heutigen Sinne verkörperten diese Fahrten allerdings nicht – viel-
mehr wurde die Zuverlässigkeit eines Automobils auf die Probe
gestellt. Führte die erste Alpenfahrt anno 1910 die Teilnehmer über
eine Gesamtstrecke von etwa 860 Kilometer, entschied man sich,
für die nachfolgende Fahrt die Gesamtlänge auf 1425 Kilometer fest-
zusetzen – Anforderungen, denen die Austro Daimler problemlos
gewachsen waren.

Brewster

Als traditionsreiches Unternehmen,
das seit mehr als 100 Jahren erfolgreich im Kutschenbau tätig war,
wagte die Firma Brewster auch einen
Abstecher in den Automobilbau –
doch da im Zeitraum von zehn Jahren nur 300 Automobile die Werks-

Hubraum/Zylinder:	4536 ccm/4 Zyl.
PS/kW:	ca. 60/44
Bauzeit:	1915–1919
Stückzahl:	–

hallen verließen, trennte man sich 1925 von diesem Geschäftsbereich
und baute lieber elegante Sonderkarosserien für Luxuswagen wie
Rolls-Royce oder Packard. Typisches Erkennungszeichen aller
Brewster-Wagen waren ihr leicht oval gestylter Kühlergrill und der
für die Wagengröße relativ ungewohnte kurze Radstand. Unter der
Haube werkelte ein 4,5-Liter-Motor mit außergewöhnlicher Laufruhe,
der nach dem Knight-System arbeitete. Ein Brewster zählte damals
zu den wenigen Wagen, die bereits ab Werk serienmäßig mit einer
kompletten elektrischen Ausstattung geliefert wurden.

Buick Modell C

David Dunbar Buick verkaufte
1899 sein auf die Fertigung von
Installationsmaterial spezialisiertes
Unternehmen, um sich mit den Ein-
satzmöglichkeiten der neuartigen
Verbrennungsmotoren befassen zu
können. Kurz nachdem sein erstes

Hubraum/Zylinder:	2600 ccm/2 Zyl.
PS/kW:	16/11,7
Bauzeit:	1905
Stückzahl:	–

unter der Regie des Ingenieurs Walter Marr entwickeltes Automobil
auf den Markt kam, musste sich Buick finanziell neu orientieren,
um weiterhin bestehen zu können. Er gründete die Buick Motor
Company, in der zwar 1904 ein paar Dutzend weiterer Automobile
entstanden, doch erst als er mit William Durant – einem ehemaligen
Konkurrenten – zusammenarbeitete, füllten sich die Auftragsbücher.
Durant schrieb auf der New Yorker Auto Show mehr als 1000 Bestellungen und verhalf Buick somit, neuntgrößter Automobilhersteller
der USA zu werden. Mit dem Buick Typ C brachte man schließlich
ein Automobil auf den Markt, das dem Unternehmen dann endlich
zum großen Durchbruch verhalf.

Cadillac A

Für viele ist ein Cadillac der Inbegriff
amerikanischer Straßenkreuzer
schlechthin, doch die Firma, die nach
dem Leitsatz „Standard of the World"
Automobile baut, wurde bereits 1902
ins Leben gerufen und nach dem
Gründer von Detroit, Antoine de la

Hubraum/Zylinder: 1609 ccm/1 Zyl.
PS/kW: 10/7,3
Bauzeit: 1903
Stückzahl: –

Mothe Cadillac – einem französischen Adligen – benannt. Wer
noch tiefer in der Unternehmensgeschichte gräbt, muss erstaunt
feststellen, dass die Anfänge gar bis 1899 zurückgehen – jenem Jahr,
in dem Henry Ford unter dem Namen Detroit Automobile Company
Detroits allererste Autofabrik gegründet hatte. Ford verließ bereits
nach ein paar Monaten die Company und stellte seinen Posten
Henry Leland zur Verfügung, der gemeinsam mit dem Millionär
Murphy das Unternehmen zum Cadillac-Imperium umstrukturierte.
Die Produktion von Motorwagen begann 1902 mit dem Typ A.

Detroit Electric 98 RD

Neben konventionellen Motorwagen bereicherten vor 100 Jahren in den USA auch zahlreiche Elektroautomobile das Straßenbild – Gefährte dieser Art genossen dort vor allem bei der selbstfahrenden Damenwelt ein hohes Ansehen. Etwa zwei Dut-

Elektrische Anlage: 2 × 42 Volt
Bauzeit: 1909–1932
Stückzahl: –
Besonderheit: Elektroauto

zend Hersteller stellten sich dem Wettbewerb, unter anderem die Firma Anderson Electric Car Company, die ihre Vormachtstellung noch halten konnte, als andere Betriebe den Elektrowagenbau längst zu den Akten gelegt hatten. Die meisten der urigen Gefährte wurden übrigens nicht per Lenkrad, sondern mittels eines Lenkhebels dirigiert. Um einigermaßen bequem vorwärts zu kommen, bestückte man die Wagen unter der vorderen und hinteren Haube mit reichlich Batterien – eine Ladung gab Kraft für etwa 200 Kilometer.

Ford T

1908 überraschte Henry Ford mit
einem Fahrzeug, das längst als einer
der bekanntesten Oldtimer in die
Automobilgeschichte eingegangen
ist, dem Modell T. Bei der Entwicklung dieses Wagens hielt man an der
Devise fest, mit dem gerade notwen-

Hubraum/Zylinder: 2898 ccm / 4 Zyl.
PS/kW: 24/17,6
Bauzeit: 1908–1927
Stückzahl: 15 007 033

digsten Aufwand dem Käufer ein Maximum an Qualität zu bieten.
Herzstück der einfachen, aber genialen „Tin Lizzie" (Blechliesel) war
ein seitengesteuerter Motor mit Wasserkühlung, dessen Magnetzün-
dung schon bei niedrigen Drehzahlen Strom lieferte. Zur absoluten
Besonderheit dieses Autos zählte ein im Schwungrad gelagertes
zweistufiges Planetengetriebe, das mittels Fußpedalerie geschaltet
wurde und dessen zweite Gangstufe bereits von 12 km/h bis zur
Höchstgeschwindigkeit reichte!

Pierce Arrow

Um die Sportlichkeit ihrer Automobile zu unterstreichen, ergänzten
die Firmengründer George N. und
Percy Pierce ihr Markenzeichen 1909
durch den Zusatznamen Arrow. Vielleicht wollte man auf diese Weise
einen Schlussstrich unter die bishe-

Hubraum/Zylinder:	8577 ccm/6 Zyl.
PS/kW:	75/55,2
Bauzeit:	1919
Stückzahl:	–

rige Firmengeschichte ziehen, denn neben Fahrrädern und Haus-
haltsgeräten fertigte man lediglich Kleinwagen, die mit dem
legendären Einbaumotor der französischen Firma De Dion-Bouton
bestückt wurden. Vater und Sohn setzten sich nämlich zum Ziel,
eine neue Modellpalette auf dem Luxuswagenmarkt zu etablieren.
Ab 1913 gaben sie ihren Wagen übrigens ein unverwechselbares
Stilelement mit auf den Weg, indem sie als weltweit erster Automobilbauer die Scheinwerfer direkt in die Kotflügel integrierten.

Schacht Highwheeler

Zu Zeiten, in denen das Automobil Laufen lernte, hatten Motorwagen mit niedriger Bodenfreiheit kaum eine Chance, auf dem amerikanischen Markt akzeptiert zu werden. Was man dort brauchte, waren geländegängige Vehikel mit hohen schmalen Rädern – nur so konnte man über die Farmwege rollen. Die im Bundesstaat Ohio ansässige Firma Schacht hatte sich auf den Bau solcher skurrilen Gefährte spezialisiert, und als 1904 ihr erster Highwheeler mit 40 Zoll großen Rädern die Werkshallen in Cincinatti verließ, fühlte man sich wieder in die Zeit der Kutschen versetzt. So simpel der Wagen auch aussah, so viel fortschrittliche Technik verbarg sich unter der Klappe am Heck. Ein wassergekühlter Boxermotor mit sechs über Keilriemen angetriebene Ölpumpen konnte sich problemlos gegen die Konkurrenz behaupten – zumindest bis 1910, als Fords Tin Lizzie Motorwagen dieser Art verdrängte.

Hubraum/Zylinder: 2400 ccm/2 Zyl.
PS/kW: 12/8,8
Bauzeit: 1904–1910
Stückzahl: –

Stanley Steamer

Neben der Alternative eines Elektro-
automobils hatten vor allem amerikanische Käufer die Wahl, mit einem
Dampfwagen vorlieb zu nehmen. Die
Brüder Stanley, die ab 1899 in Water-
town im Bundesstaat Massachusetts
solche Vehikel bauten, vertraten zwar
die Meinung, dass die Zukunft den

Zylinder: 2
PS/kW: ca. 20/14,6
Bauzeit: 1919
Stückzahl: –
Besonderheit: Dampfautomobil

Dampfautomobilen gehöre – sie waren kraftvoll, leise und vor allem
umweltfreundlich. Doch im Laufe der Jahre mussten sie einsehen,
dass sich immer weniger Leute schon Stunden vor Fahrtantritt mit
Vorbereitungen wie Anheizen etc. befassen wollten. Fords Tin Lizzie
war fortschrittlicher und kostete weniger! Als in den frühen 20er
Jahren die ersten Hersteller von Dampfwagen von der Bildfläche
verschwanden, war es nur eine Frage der Zeit, bis sich auch die
Stanleys von diesem unrentablen Geschäftsbereich trennten.

Thomas Flyer 6-70

Die Automobile, die Erwin Ross Thomas von 1903 bis 1918 in Buffalo im Bundesstaat New York baute, waren zwar für ihre Robustheit bekannt. Um aber auf dem Markt bestehen zu können, musste Thomas seine Wertarbeit weit unter Preis verkaufen –

Hubraum/Zylinder:	12800 ccm/6 Zyl.
PS/kW:	72/52,7
Bauzeit:	1910
Stückzahl:	–

nur so konnte er dem Druck der Massen- und Billigproduzenten entgegenwirken. Den größten Erfolg, den Thomas in seiner Firmengeschichte verbuchen konnte, war 1907 die Teilnahme an der legendären Fernfahrt von New York nach Paris. Von den nur sechs teilnehmenden Fahrzeugen, die auf ihrer Fahrt durch drei Kontinente über 13000 Meilen zurücklegten, ging der von Georg Schuster gefahrene Thomas Flyer 6-70 als Gesamtsieger hervor.

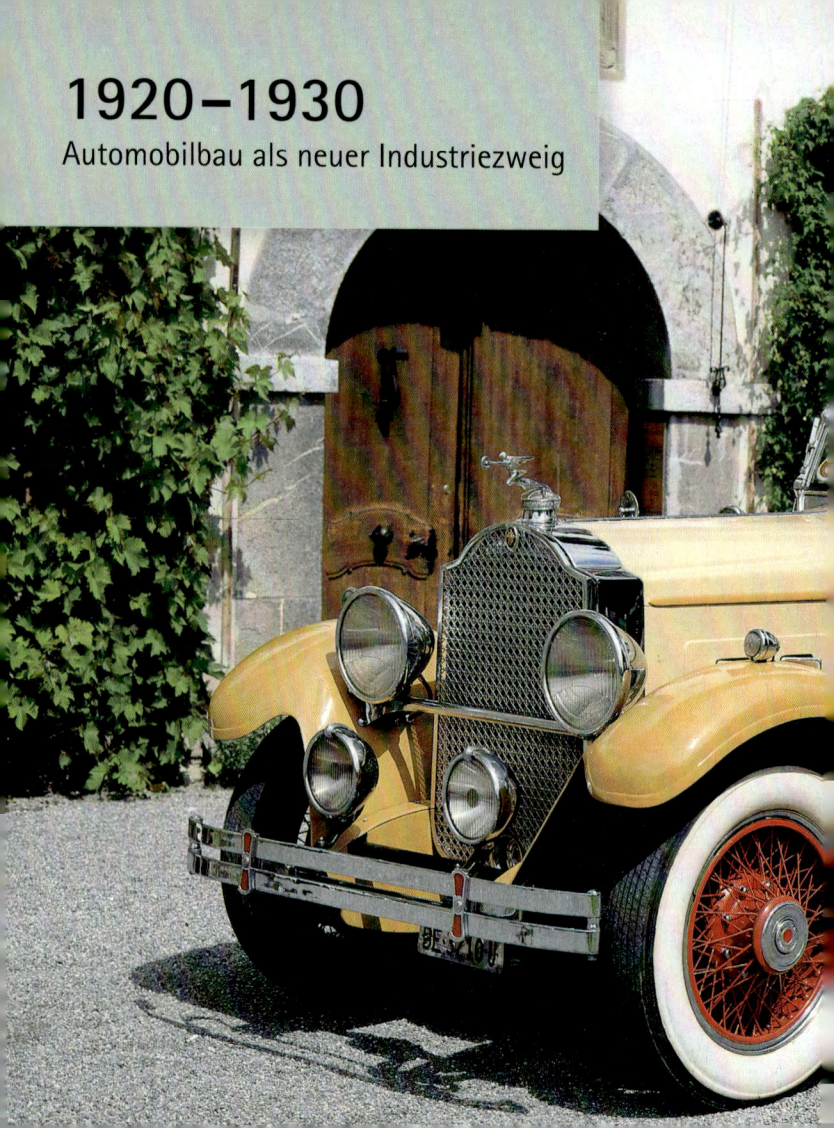

1920–1930

Automobilbau als neuer Industriezweig

Benz 16/50 PS

Im Gegensatz zu dem sehr früh
verstorbenen Gottlieb Daimler hat
Karl Benz die Fusion des von ihm
gegründeten Unternehmens mit der
Daimler-Motoren-Gesellschaft (DMG)
zur gemeinsamen Marke Daimler-
Benz noch erleben dürfen. 1926,

Hubraum/Zylinder: 4160 ccm/6 Zyl.
PS/kW: 50/36,7
Bauzeit: 1921–1926
Stückzahl: –

kurz vor dem Zusammenschluss der Firmen, rangierte am oberen
Ende der Benz-Modellpalette ein relativ konservativer Wagen,
dessen grundsolide Qualität aber für einigermaßen volle Auftragsbücher sorgte. Die meist mit einem voluminösen Limousinenaufbau
bestückten Fahrgestelle (3480 mm Radstand) entsprachen der
damals bekannten Standardbauweise und rollten auf massiven
Holzspeichenrädern – Drahtspeichenräder, die den 16/50 PS eleganter aussehen ließen, waren nur als Extra zu haben. Je nach
Karosserieart lag der Einstiegspreis eines großen Benz zwischen
12900 und 15000 Reichsmark.

BMW 3/15 PS DA 2

Die Verwandtschaft zum Austin Seven ließ sich nicht leugnen, als dieses Automobil mit BMW-Emblem am Kühler erstmals auf den Straßen auftauchte. Verglichen mit anderen Fahrzeugherstellern, stieg BMW 1928 mit der Übernahme der Dixi-

Hubraum/Zylinder: 748 ccm/4 Zyl.
PS/kW: 15/11
Bauzeit: 1929–1931
Stückzahl: ca. 16000

Werke erst relativ spät in den Automobilbau ein. Zunächst führte man die Produktion des dort entwickelten Modells DA 1 unter dem Namen Dixi weiter. Im Juli 1929 wurde aus diesem Modell dann das erste Automobil mit blau-weißem Markenzeichen – der BMW 3/15 PS. Die Unterschiede gegenüber dem Dixi fielen erst bei genauerem Hinsehen auf, denn BMW verzichtete zugunsten einer breiteren Karosserie auf Trittbretter. Der kleine BMW wurde zuerst offen mit Klappverdeck, später auch als Limousine gefertigt.

48

Hanomag 2/10 PS

Automobile baute die 1835 gegründete Hannoversche Maschinenbau
AG (Hanomag) erst ab 1925. Um in
diesem Geschäftsbereich Entwicklungskosten zu sparen, übernahm
man eine zur Serienreife entwickelte
Kleinwagenkonstruktion des Inge-

Hubraum/Zylinder: 502 ccm / 1 Zyl.
PS/kW: 10 / 7,3
Bauzeit: 1925–1928
Stückzahl: 15775

nieurs Fidelis Böhler. Weil der Wagen über viel Platz im Inneren
verfügen sollte, verzichtete Böhler auf Kotflügel und Trittbretter
und baute somit die erste typische „Pontonkarosserie"! Bevor der
Hanomag 2/10 PS in Serie ging, präsentierte das Werk 1924 ein
Musterexemplar auf der Berliner Automobilausstellung und rührte
mit einer Vorserie von zehn Wagen kräftig die Werbetrommel.
Der Aufwand hat sich gelohnt, das im Volksmund „Kommissbrot"
genannte Auto sollte in Hanomags Automobilgeschichte der
absolute Bestseller bleiben.

Mercedes Knight 16/45 PS

Als bei der Daimler-Motoren-Gesellschaft 1907 Paul Daimler die Leitung des Konstruktionsbüros übernahm und die Nachfolge Wilhelm Maybachs antrat, schwebte ihm etwas ganz besonderes vor: Er wollte einen außergewöhnlich laufruhigen Wagen

Hubraum/Zylinder: 4080 ccm/4 Zyl.
PS/kW: 45/33
Bauzeit: 1916–1924
Stückzahl: –

etablieren, der von einem sogenannten Schiebermotor angetrieben wurde. Diese ventillose Bauart, die der Amerikaner Knight entwickelt hatte, zeichnete sich vor allem durch eine sehr niedrige Motordrehzahl aus und konnte die volle Leistung bereits bei Drehzahlen von unter 2000 U/min abgeben. Außerdem erwiesen sich Schieber-

motoren als extrem langlebig, doch sie verlangten eine große Portion an feinfühliger Bedienung – eine Eigenschaft, die vielen Autobesitzern fremd war. Vom Typ 16/45 PS abgesehen, erwiesen sich alle Knight-Modelle im Alltagsbetrieb als ungeeignet – für Daimler ein Grund, den unprofitablen Wagen 1924 ersatzlos zu streichen.

Mercedes 24/100/140 PS

1921 begann bei der Daimler-Motor-Gesellschaft die Kompressor-Ära – eine Phase, in der mit dem neuen Chefkonstrukteur Dr. Ferdinand Porsche ein neuer Mann ins Spiel kam. Er leitete mit dem Sechszylindermotor des Mercedes 24/100/140 PS

Hubraum/Zylinder: 6240 ccm/6 Zyl.
PS/kW: 100/73,2
Bauzeit: 1924–1925
Stückzahl: –

die nächste Stufe der Kompressor-Ära ein. Der spätere Vater des VW Käfers und Gründer des gleichnamigen Sportwagenherstellers nutzte den von Paul Daimler (Sohn von Gottlieb Daimler) aufgebauten Technologiestand, um mit dem 24/100/140 PS das vielleicht weltweit beste Auto jener Tage zu entwickeln. Es debütierte im Dezember 1924 auf der Berliner Automobilausstellung. Die 24 in seiner Bezeichnung gab Aufschluss über die auf den Hubraum bezogenen Steuer-PS, eine fiskalische Angelegenheit. Die 100 und 140 standen für die PS-Motorleistung ohne bzw. mit zugeschaltetem Kompressor.

Mercedes-Benz K 24/110/160 PS

Roots-Kompressor – das war das Zauberwort für Ferdinand Porsche, der wie sein Vorgänger Paul Daimler wusste, dass sich diese aufwendige Technik hervorragend zur Leistungssteigerung für Hochleistungsautomobile eignet. Wie früher üblich, nannte die erste Zahl der Modellbezeichnungen die hubraumabhängigen Steuer-PS, die zweite die Motorleistung bei Saugbetrieb und die dritte Zahl die Leistung mit eingeschaltetem Kompressor. Porsches erste Konstruktionen wurden 1926 durch das ebenfalls von ihm weiterentwickelte Modell K (auch als 630 K bezeichnet) erneut getoppt. Dieser Wagen nebst seinen Vorgängermodellen blieb noch nach der Fusion der Firmen von Daimler und Benz anno 1926 im Programm. Im Gegensatz zu später debütierenden Kompressorwagen stand das K in der Typbezeichnung hier nicht für die Kompressor-Bestückung, sondern es wies auf den gekürzten Radstand des Chassis hin.

Hubraum/Zylinder:	6240 ccm/6 Zyl.
PS/kW:	110/80,5
Bauzeit:	1928–1929
Stückzahl:	–

Mercedes-Benz SS

Die bei Daimler-Benz unter den
Bezeichnungen Mercedes-Benz S, SS,
SSK und SSKL gebauten Kompres-
sorwagen gingen zwar überwiegend
als Rennsport-Zweisitzer in die
Geschichte ein, doch neben den
Sportausführungen wurden auch

Hubraum/Zylinder:	7065 ccm/6 Zyl.
PS/kW:	140/102,5
Bauzeit:	1928–1932
Stückzahl:	151

verschiedene Tourenwagen und Cabriolets karossiert. In seiner zweiten Evolutionsstufe als Typ SS oder Typ 27/140/200 PS erschien der
von Ferdinand Porsche konstruierte Wagen 1928 mit einem höher
verdichteten Motor. Das ebenfalls mit Doppelzündung (Magnet und
Batterie) ausgerüstete Aggregat gab jetzt 20 PS Leistung mehr ab.
Das Kürzel SS in der Modellbezeichnung des 35000 Reichsmark
teuren Gefährts bedeutete übrigens „Super Sport", während sich
der Vorgänger namens S mit der schlichteren Bezeichnung „Sport"
zufriedengeben musste.

Mercedes-Benz SSK

 Gegenüber den mit Superlativen reich gesegneten S- und SS-Modellen setzte die dritte Entwicklungsstufe, der SSK, noch eins drauf: SSK stand für „Super Sport Kurz", denn dieser damals absolute Traumwagen zeitgenössischer Sportfahrer basierte auf

Hubraum/Zylinder: 7065 ccm/6 Zyl.
PS/kW: 140/102,5
Bauzeit: 1928–1932
Stückzahl: 33

einem um 450 mm verkürzten Fahrgestell. Der kurze Radstand machte aus dem SSK oder auch Typ 720 genannten Wagen ein agiles Sportgerät, das von 1928 bis 1932 in 33-facher Auflage gebaut wurde. Rennfahrer wie Rudolf Caracciola errangen mit dem SSK große Siege. Auch in den Ausführungen als „Straßenversion"

konnten Kompressorwagen anderer Hersteller den Typen S, SS und SSK kaum das Wasser reichen. Ein typisches Erkennungszeichen dieser Mercedes-Benz-Baureihe waren übrigens drei geschwungene, seitlich aus der Motorhaube ragende Auspuffrohre.

Mercedes-Benz SSKL

Für den Preis von 40000 Reichsmark
wurde bei Daimler-Benz gegenüber
dem Kraftprotz SSK noch eine weitere leistungsgesteigerte Version
angeboten – der SSKL. Hier handelte
es sich um ein absolut reinrassiges
Sportgerät mit brüllenden 300 PS,
das durch zahlreiche Abspeck-Maßnahmen (unter anderem ausge-
bohrtes Chassis) etwa 200 kg leichter als der 1700 kg wiegende SSK
war. Versierten Rennfahrern bescherte der SSKL („Super Sport Kurz
Leicht") viele Siege bei der Mille Miglia (Caracciola, 1931) und in
vielen anderen großen Rennen der 20er und 30er Jahre. Wer heute
dieses automobile Denkmal bestaunen möchte, muss mit authenti-
schen Nachbauten vorlieb nehmen, denn von den im Werk gebauten
sieben echten SSKL hat keiner überlebt.

Hubraum/Zylinder:	7065 ccm/6 Zyl.
PS/kW:	240/175,8
Bauzeit:	1928–1933
Stückzahl:	7

Opel 8/25 PS

Dem Zeitgeschmack folgend entwarf Opel mit dem Typ 8/25 PS einen Wagen, der dazu gedacht war, in den 20er Jahren die Stütze der Modellpalette zu bilden. Etwa 2000 Einheiten sollten jährlich produziert werden – eine Zahl, die sich nicht

Hubraum/Zylinder:	2000 ccm / 4 Zyl.
PS/kW:	25/18,3
Bauzeit:	1920–1924
Stückzahl:	–

erreichen ließ. Kaum jemand wollte das Spitzkühler-Modell mit der zweigeteilten Windschutzscheibe haben, und daran änderte die für den 8/25 PS betriebene Werbung nichts, auch wenn es im Prospekt hieß: „... Der Wagen ist ein Vorbild des Gebrauchswagens im geschäftlichen Sinne, er dient dem Arzt bei seiner Überlandpraxis und erfreut während der Urlaubszeit durch seine Schnelligkeit – und als „Bergsteiger" den, der in Gottes freier Natur Erholung sucht von den Mühen und Lasten des Alltags ...".

Opel 4/12 PS

Das erste in Großserie gebaute Automobil deutscher Produktion, der Opel 4/12 PS, rollte 1924 vom Band. Für wohlhabende Automobilbesitzer, die es gewohnt waren, sich chauffieren zu lassen, war dieses Fahrzeug eine Provokation, denn anstatt mit ein-

Hubraum/Zylinder: 951 ccm/4 Zyl.
PS/kW: 12/8,8
Bauzeit: 1924–1925
Stückzahl: ca. 120000 (gesamte Serie)

drucksvollen Limousinen versuchte Opel, den Pkw-Bau nun mit einem Kleinwagen zu revolutionieren, der nicht in Handarbeit, sondern am Fließband hergestellt wurde! Der kleine, im Volksmund wegen seiner grünen Lackierung „Laubfrosch" genannte Wagen sorgte für viel Aufmerksamkeit, und seine Produktionsweise ermöglichte einen erschwinglichen Preis. Die Stückzahlen kletterten bald in ungeahnte Höhen, der Preis rutschte in den Keller, und auch anfängliche Skeptiker nutzten den 4/12 PS bald als Transportmittel.

Opel 4/16 PS

Als sich Opel 1923, mitten in der
Inflationszeit, entschloss, ein Auto
mit neuen Produktionsmethoden
herzustellen, konnte keiner ahnen,
dass das nur 45 Meter lange Fließband den Pkw-Bau schneller als
erwartet revolutionieren sollte. Zei-

Hubraum/Zylinder: 1018 ccm/4 Zyl.
PS/kW: 16/11,7
Bauzeit: 1927–1928
Stückzahl: 2023

ten, in denen sich Arbeiter ihr Material von Hand oder mit einem
Karren heranholen mussten, gehörten schnell der Vergangenheit an.
Alle Bauteile und Komponenten wie Kurbelgehäuse, Nockenwellen
oder Zylinderblöcke kamen jetzt auf Transportbändern direkt zu
ihnen. 1928 erstreckte sich die Fließbandproduktion in Rüsselsheim
bereits auf eine Länge von 2000 Metern, und dank dieser Anlagen
konnte die Modellpalette mit Typen wie dem 4/16 PS allmählich
ergänzt und nach oben hin abgerundet werden.

Bugatti T 23 Brescia

Im Gegensatz zu vielen anderen Bugatti-Modellen mit Hubräumen jenseits von 4 Litern konstruierte Ettore mit dem T 23 einen Wagen der leichteren Art. Dennoch durfte dieses Modell nicht als Sparversion verstanden werden: Beim T 23 han-

Hubraum/Zylinder:	1496 ccm/4 Zyl.
PS/kW:	30/22
Bauzeit:	1921–1926
Stückzahl:	–

delte es sich um einen fortschrittlichen Sechzehnventiler, der von der Bauart her in der Klasse leichtgewichtiger Voituretten zu Hause war. Tester des englischen Magazins „Light Car" beurteilten den T 23 damals mit den Worten: „Mit dem enggestuften Viergangetriebe und dem kraftvollen Motor lässt sich der Wagen leicht bewegen, wobei er auf jede noch so winzige Bewegung von Lenkrad oder Pedalen stets spontan reagiert. Man meint, ein viel grö-ßeres Fahrzeug zu steu-ern, denn der Motor kommt überraschend schnell auf Touren".

Bugatti 35 A

Bugattis typischer Grand-Prix-Wagen, der Typ 35, betrat beim Grand Prix von Lyon 1924 zum ersten Mal rennsportlichen Boden. Auf einem sich nach hinten hin verjüngenden Fahrgestell aufgebaut, erhielt der 35 die für ihn charakteristische

Hubraum/Zylinder: 1991 ccm/8 Zyl.
PS/kW: 75/55
Bauzeit: 1926–1930
Stückzahl: 130

Heckpartie. Vorn dominierte ein hufeisenförmiger Kühler, dessen Größe und typische Form im Laufe der Jahre auch anderen Bugatti-Wagen angepasst wurde. Um dem enormen Interesse, das die Öffentlichkeit dem Typ 35 entgegenbrachte, gerecht zu werden, entschloss sich Bugatti, das Grand-Prix-Fahrzeug als Typ 35 A in leicht abgewandelter Form für den Privatfahrer herauszubringen. Diese Wagen rollten auf grazilen Drahtspeichenrädern daher, während die Grand-Prix-Renner mit eleganten gewichtsparenden Aluminiumgussrädern an den Start gingen.

Citroen B 2

Unter der schlichten Modellbezeichnung Typ A brachte André Citroën,
Sohn eines polnischen Einwanderers,
1919 sein erstes erfolgreiches Automobil auf den Markt. Der 65 km/h
flotte Wagen mit großem Radstand
(2835 mm) wurde 1921 vom

Hubraum/Zylinder: 1452 ccm/4 Zyl.
PS/kW: 20/14,7
Bauzeit: 1921–1926
Stückzahl: ca. 90000

Modell B abgelöst. Durch Aufbohren des Motors erreichte der
Wagen mehr Leistung, die mittels eines Dreiganggetriebes an die
Hinterachse gebracht wurde. In der Grundversion war der B 2 nur
unwesentlich schneller als sein Vorgänger – wer einen Schnitt von
90 km/h erreichen wollte, konnte sich der 22 PS starken Ausführung
namens Caddy-Sport bedienen. Zu den Besonderheiten des Wagens
gehörte neben dem elektrischen Anlasser noch die elektrische
Beleuchtung – ein Ausstattungsdetail, das viele Mitbewerber
damals nur gegen Aufpreis lieferten.

Citroen 5 CV

Anfang der 20er Jahre realisierte
Citroen mit dem Typ 5 CV die Idee
eines volkstümlichen Automobils,
das sich jedermann leisten sollte.
Dieser auch „Trèfle" genannte Wagen
entstand übrigens nicht, wie frühere
Modelle, unter der Regie des Kon-

> **Hubraum/Zylinder:** 855 ccm/4 Zyl.
> **PS/kW:** 11/8
> **Bauzeit:** 1921–1926
> **Stückzahl:** ca. 80000

strukteurs Jules Salomon, sondern unter der Leitung von Edmond
Moyet. Im Nachhinein betrachtet, war der 5 CV das Automobil
überhaupt, das der Marke zur großen Popularität verhalf. Das kos-
tengünstige Fließbandprodukt avancierte sogar zum ersten europäischen Volksautomobil, das sich durch leichte Handhabung bei der
Auto fahrenden Damenwelt großer Beliebtheit erfreute. Der Erfolg
des 5 CV schien auch Opel zu beeinflussen, doch die Justiz konnte
in Opels ähnlich aussehendem „Laubfrosch" keine Kopie erkennen,
da für den 5 CV kein Patentschutz bestand!

Renault 6 CV Typ KJ

1922 präsentierte Renault mit dem
Typ 6 CV einen Wagen, der durch
eine sensationelle Werbekampagne
für viel Aufmerksamkeit sorgte.
203 Tage lang wurde so ein Modell
über eine Distanz von 16000 Kilometer auf der Rennstrecke von Mira-

Hubraum/Zylinder: 951 ccm/4 Zyl.
PS/kW: 16/11,7
Bauzeit: 1922–1927
Stückzahl: –

mas bewegt, um bei einer Durchschnittsgeschwindigkeit von
79 km/h seine Zähigkeit und Ausdauer zu beweisen. Grund des
Marathons war Renaults neuartige Motorkonstruktion mit abnehm-
barem Zylinderkopf. Außerdem stattete man den 6 CV als erstes
Modell der Marke mit Vierradbremsen aus. Mit ähnlich großem
Aufwand organisierte Renault in Folge diverse Afrikadurchquerun-
gen und rührte weiterhin fleißig die Werbetrommel. Mit Erfolg:
Die Jahresproduktion stieg regelmäßig an und lag Ende der 20er
Jahre bereits bei 40000 Einheiten pro Jahr.

Rosengart LR 2

Sogar auf dem Kontinent, wie die
Briten sagen, profitierten Automobilhersteller von Englands legendärem
Austin Seven: Eine deutsche Lizenz-
ausgabe wurde 1927 unter dem
Namen Dixi 3/15 PS auf die Räder
gestellt, und auch für die in Frank-

Hubraum/Zylinder: 750 ccm/4 Zyl.	
PS/kW: 11/8	
Bauzeit: 1927–1930	
Stückzahl: ca. 6000	

reich bei Lucien Rosengart produzierten Kleinwagen stand der
Seven Pate. Rosengart wollte mit seiner ab 1928 gebauten Lizenz-
version LR 2 eine Jahresproduktion von 60000 Einheiten auflegen,
erreichte aber gerade mal den zehnten Teil. Die in Frankreich auf
Seven-Basis entstandenen Automobile rangierten im untersten Feld
der Rosengart-Modellpalette und wurden in vielen Ausführungen
angeboten, wobei die Version des eleganten Faux-Cabriolets (fal-
sches Cabrio) zu den interessantesten zählte.

Salmson Grand Sport

Die ersten Automobile, die 1921
aus den Werkshallen der Société
des Moteurs Salmson liefen, waren
britische Lizenzbauten, die in ihrer
Heimat unter dem Markennamen
G.N. gebaut wurden. Während die
Produktion lief, dachte Salmson

Hubraum/Zylinder: 1086 ccm/4 Zyl.
PS/kW: 40/33
Bauzeit: 1925–1929
Stückzahl: –

bereits über die Entwicklung einer Eigenkonstruktion nach. Man
stellte sich einen für den sportlichen Einsatz brauchbaren Vierzylinder-Wagen mit kleinem Hubraum vor und bestimmte damit
die Bauweise: Der Wagen, eine Art Cyclecar, musste leicht sein. In
Anerkennung rennsportlicher Erfolge wurde entschieden, das Automobil als Modell Grand Sport auch in Serie zu fertigen. Dank vieler
Verbesserungen am Fahrgestell wandelte sich der Sportwagen zum
Straßenfahrzeug der 1-Liter-Klasse, unter dessen Haube ein fortschrittlicher Motor mit zwei obenliegenden Nockenwellen arbeitete.

Alvis 12/75 F.W.D.

In Coventry, der damaligen Hochburg englischer Automobilindustrie, wurde 1919 von Geoffrey de Freville die Firma Alvis gegründet. De Freville war bereits Mitarbeiter jener Firma, die unter dem eingetragenen Warenzeichen „Alvis" Leichtmetall-kolben fertigte – Grund genug, den Namen dieser Qualitätsprodukte auch für den neuen Geschäftsbereich des Automobilbaus zu nutzen. Man verlegte sich von Anfang an auf den Bau sportlich angehauchter Fahrzeuge und experimentierte bereits Mitte der 20er Jahre mit einem Prototypen, bei dem die Vorderräder angetrieben wurden. Die Vorderachse bestand aus einer Konstruktion von zwei Rohren, die durch vier Träger verbunden wurden – sie gab dem Modell, das 1928 in Serie ging, das für diesen Front-triebler charakteris-tische Aussehen.

Hubraum/Zylinder:	1482 ccm/4 Zyl.
PS/kW:	50/36,6
Bauzeit:	1928–1929
Stückzahl:	–

Austin Seven Serie 1

Zu Beginn der 20er Jahre, als es
in England zu einem drastischen
Anstieg der Kfz-Steuer kam und sich
die großen Austin-Modelle mehr
schlecht als recht verkaufen ließen,
brachte das Werk mit dem Typ Seven
einen Kleinwagen auf den Markt, der

Hubraum/Zylinder: 747 ccm/4 Zyl.
PS/kW: 10,5/7,7
Bauzeit: 1922–1924
Stückzahl: –

es auch wirtschaftlich Schwächeren ermöglichte, zu einem attraktiven Preis von zwei auf vier Räder umzusteigen. Der Seven blieb
lange Zeit konkurrenzlos und entwickelte sich schnell zum populärsten englischen Kleinwagen. Austin wusste, dass ein günstiges
Automobil zwar einfach, aber keineswegs billig produziert werden
durfte – das Geheimnis der Robustheit dieses Wagens war ein stabiler A-förmiger Rahmen. 1927 lief der 50000ste Wagen vom Band,
und neben der gängigsten Version als offener Tourer ergänzten
zahlreiche Sonderkarosserien die Modellpalette.

Bentley 4 1/2 Liter

Während viele Automobilbauer zu
Beginn ihrer Karriere oft für lange
Zeit relativ kleine Fahrzeuge auf die
Räder stellten, setzte sich Walter
Owen Bentley 1919 ganz andere
Ziele: Weil er den ersten typisch bri-
tischen Sportwagen bauen wollte,

Hubraum/Zylinder: 4398 ccm/4 Zyl.
PS/kW: 110/80,5
Bauzeit: 1926–1930
Stückzahl: 665

standen am Anfang seiner Experimente bereits starke Vierzylinder-
Wagen, die ihre Tauglichkeit im harten Wettbewerbssport unter
Beweis stellen mussten. Von diesen sogenannten 3-Liter-Modellen
wurde 1926 der stärkere Typ 4 1/2 Liter abgeleitet. Obwohl viele
Bentleys mit eleganten Karosserien bestückt wurden, stützte sich
der Ruf der Marke vor allem auf die imposanten Hubraumboliden
der 20er Jahre. Finanzielle Fehleinschätzungen führten 1931 zum
Verkauf der Marke an Rolls-Royce, die ihrem Image entsprechend
rennsportlichen Aktivitäten entsagte.

Bentley 4 1/2 Liter Blower

An und für sich zählte Bentleys
4 1/2-Liter-Modell zu den Automobilen, denen sportliche Siege
von Haus aus sicher waren. Trotzdem
versuchte W. O. Bentley, dem Wagen
weitere Reserven zu entlocken, weshalb er sich der Kompressortechnik

Hubraum/Zylinder:	4398 ccm/4 Zyl.
PS/kW:	182/133,3
Bauzeit:	1927–1931
Stückzahl:	55

bediente. Jetzt sorgte ein sogenanntes Roots-Gebläse für zusätzliche Leistung, indem die angesaugte Luft auf ein Verhältnis von
etwa 4 bar verdichtet wurde. Um den auch „Blower-Bentley"
genannten Wagen fürs Rennen homologieren zu können, mussten
mindestens 50 dieser Exoten gebaut werden. Leider erwies sich die
hochgezüchtete Technik als unausgereift. Probleme wie mangelnde
Ölversorgung gehörten zur Tagesordnung. Der Motor konnte den
Extrembeanspruchungen nicht lange Stand halten – ein Grund,
weshalb die Blower-Bentleys nur selten ihr Ziel erreichten.

MG 14/40 HP

Die MG-Story nahm ihren Anfang, als Cecil Kimber, Chef einer Morris-Vertretung, 1923 mit seinem Job nicht mehr zufrieden war. Es war seine Spezialität, die Morris-Wagen mit Sonderkarosserien zu bestücken, doch seiner Meinung nach standen

Hubraum/Zylinder:	1802 ccm / 4 Zyl.
PS/kW:	40/30
Bauzeit:	1924–1929
Stückzahl:	–

die schlanken Aufbauten im Missverhältnis zum konservativen Morris-Chassis und den ziemlich leistungsschwachen Antriebsaggregaten. Kimber frisierte deshalb einen Morris und machte daraus einen neuen 128 km/h schnellen Wagen. In Anlehnung an seine Firmenbezeichnung „Morris-Garage" entwarf er das achteckige MG-Emblem und initiierte in Zustimmung mit Morris die Marke MG. Warb Kimber anfangs noch mit dem Slogan „MG – the Super Sports Morris", so entwickelte sich seine Marke bald zu einem eigenständigen von Morris unabhängigen Unternehmen.

Rover 8 HP

Schon 1919 erwarb Rover die Produktionsrechte für einen Kleinwagen,
den Jack Sangster vom Motorradher-
steller Ariel entwickelt hatte. Die
Konstruktion, die Rover unter dem
Kürzel 8 HP auf den Markt brachte,
wurde übrigens im neu errichteten

Hubraum/Zylinder: 998 ccm/2 Zyl.
PS/kW: 14/10,2
Bauzeit: 1920–1924
Stückzahl: –

Werk Tyseley bei Birmingham gefertigt. Der Rover 8 verfügte über
einen luftgekühlten Zweizylinder-Boxermotor, der von anderen
Herstellern auch zum Antrieb von Motorrädern oder den damals
modernen, leichten Cyclecars genutzt wurde. Trotz spartanischer
Ausstattung (keine serienmäßige Beleuchtung) ließ sich der solide
und robust gebaute 8 HP zum Preis von etwa 145 britischen Pfund
gut verkaufen. Zumindest bis 1922 – da debütierte der mit einem
Vierzylinder bestückte Austin Seven und lief dem Rover den Rang ab.

Side Swallow S.S.

Bevor Sir William Lyons jene legendären Automobile entwickelte, die
unter dem Markennamen Jaguar
Sportwagengeschichte schrieben,
baute er jahrelang Seitenwagen für
Motorräder. Außerdem veredelte er
ab 1927 in seiner Firma S.S. (Swal-
low Sidecar) den kleinen Austin Seven: Lyons orderte lediglich
das rollende Chassis und bestückte es mit einer eleganten kleinen
Karosserie, die dem Massenprodukt des Hauses Austin einen neuen
Charakter gab. Obwohl in jedem Umbau Austin-Technik steckte,
wurden diese luxuriösen Kleinwagen unter Lyons Markennamen
S.S. auf den Markt gebracht. Neben der relativ hohen, aber durchaus
harmonisch aussehenden Limousine stand als Alternative noch ein
kleiner Roadster im Programm.

Hubraum/Zylinder: 747 ccm/4 Zyl.
PS/kW: 10,5/7,7
Bauzeit: 1927–1931
Stückzahl: –

Alfa Romeo E 20/30 HP

Nach finanziellen Schwierigkeiten und Umstrukturierungen des Unternehmens A.L.F.A. übergaben 1915 die Banken (sie besaßen die Aktienmehrheit der Firma) die Verantwortung des Hauses dem neuen Angestellten Nicola Romeo. Unter seiner Regie fiel 1919 der Startschuss für die erneute Produktion edler Automobile, die nun auf den wohlklingenden Namen Alfa Romeo hörten. Aufgrund der zuvor in der Rüstungsindustrie erwirtschafteten Gewinne entwickelte sich Alfa Romeo schnell zu einem führenden Fahrzeughersteller. Mit dem Typ 20/30 HP stellte man zuerst wieder ein alltagstaugliches Automobil auf die Räder, das seine Vorzüge wie Handlichkeit und Leistung auf den steilen Bergstraßen Norditaliens voll ausspielen konnte.

Hubraum/Zylinder: 4082 ccm / 4 Zyl.
PS/kW: 49/36
Bauzeit: 1920–1921
Stückzahl: –

Fiat 509

Das Modell 509, das Fiat 1925 lancierte, zählte zu den Automobilen, die unter besonders wirtschaftlichen Aspekten gefertigt wurden. Seit Jahren setzte man schon auf eine Vereinfachung und Rationalisierung der Produktion und machte zunehmend

Hubraum/Zylinder:	990 ccm/4 Zyl.
PS/kW:	22/16,1
Bauzeit:	1925–1929
Stückzahl:	–

Gebrauch von modernen Schweißtechniken. Außerdem beschränkte sich Fiat bei der Verwendung von Kugellagern nur noch auf wenige Standardmaße. Im Bereich der Mittelklasse angeordnet, gab es den 509 in den Versionen Cabriolet, Innenlenker, Spider und Torpedo. Wer wollte, konnte diesen Wagen auf Ratenkaufbasis erwerben – eine Idee, die den Absatz des Modells weiter steigerte. Während viele Automobile in den 20er Jahren noch außen positionierte Brems- und Schalthebel besaßen, war Fiat der Zeit voraus und platzierte sie im Wageninneren.

Volvo ÖV 4

Allen nordischen Wetterverhältnissen
zum Trotz handelte es sich bei dem
ersten Volvo, der 1927 die Werkshallen in Göteborg verließ, ausgerechnet um einen offenen Tourer. Die
Idee, in Schweden eine Automobilfabrik zu gründen, hatte Assar
Gabrielsson schon zu Beginn der 20er Jahre. Dank der Unterstützung seines Arbeitgebers, der SKF-Kugellagerfabrik, und der Hilfe
seines Kompagnons Gustaf Larson festigte das Unternehmen schnell
seinen Ruf und erweiterte später die Produktpalette um Nutzfahr-
zeuge. Vom Design her orientierten sich die frühen Volvo-Modelle
an amerikanischen Baumustern, bevor man mit der Entwicklung
des „Buckelvolvos" eine eigenständige Linie fand. Übrigens: Die
Markenbezeichnung Volvo heißt übersetzt „Ich rolle".

Hubraum/Zylinder: 1944 ccm / 4 Zyl.
PS/kW: 28/20,5
Bauzeit: 1927–1928
Stückzahl: –

Hispano Suiza H6B

Die Geschichte der anfangs rein spanischen Marke Hispano-Suiza zählt mit zu dem Interessantesten, was die Automobilhistorie zu bieten hat: Marc Birkigt, ein Schweizer Ingenieur, setzte 1904 bei seinem spanischen Arbeitgeber das Konzept

Hubraum/Zylinder: 6597 ccm/6 Zyl.
PS/kW: 135/99
Bauzeit: 1919–1929
Stückzahl: –

eines Hochleistungswagens um, der im Zuge der Weiterentwicklung bald zum Hochadel der Automobilelite aufstieg. Um die verwöhnte Kundschaft in den europäischen Nachbarländern besser bedienen zu können, errichtete man 1911 in Frankreich ein Montagewerk. Hier entstanden die berühmten Klassiker mit sechs und zwölf Zylindern, während die Produktion im Hauptwerk bei Barcelona zurückgefahren wurde. Der Weltwirtschaftskrise trotzend, entwickelte Hispano-Suiza immer kolossalere Modelle, bevor man sich Mitte der 30er Jahre nur noch dem profitableren Bau von Flugzeugtriebwerken widmete.

Chrysler 70

Als **Walter Chrysler** 1920 seine Position als stellvertretender Direktor von General Motors zur Verfügung stellte, sanierte er zuerst die vor dem Konkurs stehende Automarke Willys-Overland, um sich dann selbstständig zu machen – nur so hatte er

Hubraum/Zylinder:	3301 ccm/6 Zyl.
PS/kW:	68/50
Bauzeit:	1924–1926
Stückzahl:	ca. 32 000

genug Möglichkeiten, einen Wagen nach eigenen Vorstellungen zu realisieren. Das Ergebnis der Arbeit, der Chrysler Typ 70, wurde 1923 vorgestellt und über ein breites Händlernetz vertrieben. Der Aufwand hatte sich gelohnt: Der Wagen wurde akzeptiert und brachte Bestellungen in einer Höhe von 50 Millionen Dollar ein. Zwei Jahre später ergänzte Chrysler den Sechszylinder-Wagen durch ein Vierzylinder-Modell. Durch die Übernahme der Dodge-Werke Ende der 20er Jahre entwickelte sich Chrysler bald zu einem ernsthaften Konkurrenten von Ford und General Motors.

Cord L 29 Serie 1

Bevor Errett Lobban Cord 1929 seine
Karriere als Hersteller luxuriösester
Automobile startete, hatte er bereits
der Automobilwelt den bis dahin
stärksten Serienwagen der Welt –
den Duesenberg – beschert. Mit dem
nun nach seinem Namen benannten

Hubraum/Zylinder: 4893 ccm/8 Zyl.	
PS/kW: 125/91,5	
Bauzeit: 1929–1932	
Stückzahl: ca. 3600	

Reihenachtzylinder schuf er sich schließlich ein eigenes Denkmal,
und zwar eines der besonderen Art: Der Wagen verfügte schon über
einen Frontantrieb, und das Dreiganggetriebe wurde mittels einem
kleinen aus dem Armaturenbrett herausragenden Hebel geschaltet.
Von der beeindruckenden Länge des L 29 entfielen allein 3490 mm
auf den Radstand. Die Motorhaube maß knapp 1400 mm und mit
einer Gesamtlänge von 5200 mm übertraf der Cord alles, was in
den USA bisher auf die Räder gestellt worden war.

Ford A

Nachdem Henry Fords legendäre Tin Lizzie Ende der 20er Jahre zu den etwas veralteten Automobilen zählte, schloss Ford sein Werk für einige Monate, um die Konstruktion des Nachfolgemodells schnellstmöglich abschließen zu können. Erst im Dezember 1927 begann dann die Einführung des neuen Ford A, der gegenüber dem T-Modell in einer Rekordzeit von nur acht Monaten entwickelt wurde. Zu den Vorteilen des neuen Wagens gehörten unter anderem ein Dreiganggetriebe, hydraulische Stoßdämpfer und eine Vierradbremse. Drahtspeichenräder und Scheibenwischer waren ebenso obligatorisch wie eine Benzinuhr nebst Öldruckmesser. Ein weiterer Fortschritt stellte auch die Verlängerung der Wartungsintervalle auf 5000 Meilen dar – ein für damalige Verhältnisse überdurchschnittlich guter Wert.

Hubraum/Zylinder: 3285 ccm/4 Zyl.
PS/kW: 40/30
Bauzeit: 1927–1932
Stückzahl: 4320446

La Salle 303

Ursprünglich als finanziell interessante Alternative zum Cadillac gedacht, reagierte man bei General Motors auf den Erfolg des La Salle, indem man ihn dem Trend entsprechend mit immer stärkeren Motoren bestückte – zuerst mit Reihenacht-

Hubraum/Zylinder: 4965 ccm/8 Zyl.
PS/kW: 90/66
Bauzeit: 1927–1928
Stückzahl: –

zylindern, später mit einem V8-Aggregat (5840 ccm). Die Karosserielinie war übrigens ein Entwurf von Harley Earl, an dessen Zeichenbrett auch so manche Designverbesserung für Cadillac entworfen wurde. Fast hätte General Motors mit dem La Salle einen hauseigenen Billig-Konkurrenten etabliert – um das zu verhindern, entwickelte Cadillac neben den V8-Modellen noch ein V12- und ein V16-Zylinder-Modell. Diese Wagen, die in höheren Preisregionen zu Hause waren, sorgten letztendlich wieder für eine Ausgewogenheit der Konzernmarken.

Ruxton Roadster

Entgegen dem Üblichen, ein Automobil nach dem Namen des Erfinders zu benennen, stand für den Ruxton-Wagen der Name des Geldgebers – V. C. Ruxton – Pate. Die Idee, einen außergewöhnlichen Luxuswagen mit Frontantrieb zu bauen, war an und für sich gar nicht abwegig: Der Ruxton entstand nämlich als eine Art Nebenprodukt bei der New Era Motors Inc. und basierte überwiegend auf Fremdkomponenten. Der Motor kam von Continental, die eleganten Karosserien von den Spezialisten Budd und Raulang – lediglich das Chassis war eine Eigenentwicklung. Trotzdem wurde Archie M. Andrews – Initiator des ganzen Projekts – mit dem Ruxton nicht glücklich: Die erhoffte Nachfrage blieb aus und sein Geldgeber verstand es, sich kurz vor dem Zusammenbruch geschickt aus der Affäre zu ziehen.

Hubraum/Zylinder: 5500 ccm/8 Zyl.
PS/kW: 94/68,8
Bauzeit: 1929–1931
Stückzahl: –

Willys Overland

Die im Bundesstaat Indiana ansässige
Standard Wheel Company brachte
1902 einen relativ erfolglosen Wagen
auf den Markt – erst als der New
Yorker Automobilkaufmann John
North Willys die Geschäftleitung
übernahm, war für das angeschla-
gene Unternehmen Besserung in Sicht. Unter seiner Regie debütier-
ten diverse Vier- und Sechszylinder-Wagen, die unter den Namen
Willys oder auch Overland angeboten wurden. Unter der Haube der
Willys arbeitete übrigens ein sogenannter Schiebermotor nach dem
Knight-System, dessen besondere Eigenschaft seine absolute Laufruhe war. 1910 verlegte Willys den Firmensitz nach Ohio, um dort
kurze Zeit später die Serienproduktion für sein erfolgreichstes
Modell, den Willys Overland Typ Four zu starten.

Hubraum/Zylinder:	2788 ccm / 4 Zyl.
PS/kW:	38 / 27,8
Bauzeit:	1922–1926
Stückzahl:	–

1930–1940
Erfolgreiche Massenprodukte und edler Luxus

Adler Trumpf Junior 1 E

Als 1934 der erste Adler Trumpf Junior erschien, entsprach der Wagen mit kunstlederüberzogener Leichtbaukarosserie in etwa dem Äußeren eines DKW. Das war zwar praktisch, aber um sich prestigemäßig vom DKW abheben zu können, stellte Adler bald auf die Ganzstahlbauweise um. In einem Punkt aber blieben die Gemeinsamkeiten zum DKW: Auch der Adler war ein frontangetriebenes Automobil, dessen Kraft mittels eines Vierganggetriebes an die Räder gebracht wurde. Alle Wagen basierten auf einem Plattformrahmen in Kastenbauweise und konnten mit Sonderkarosserien bestückt werden. Entgegen früherer Fronttriebler wussten Kaufinteressenten inzwischen die Vorzüge dieses Prinzips zu schätzen, was sich in den Verkaufszahlen niederschlug: Schon 1939 konnte Adler die Fertigung des 100000sten Trumpf Junior feiern.

Hubraum/Zylinder: 995 ccm/4 Zyl.
PS/kW: 25/18,3
Bauzeit: 1936–1941
Stückzahl: ca. 110000 (gesamte Baureihe)

Adler 2,5 Liter Typ 10

Wie branchenüblich, informierte sich auch 1937 die Fachpresse anlässlich der Berliner Automobilausstellung über spektakuläre Neuheiten, die sie diesmal aber nicht an dem Stand einer absoluten Luxusmarke, sondern bei Adler fand. Hier sorgte der

Hubraum/Zylinder: 2494 ccm/6 Zyl.
PS/kW: 58/42,4
Bauzeit: 1937–1940
Stückzahl: 5295

Typ 10 für reges Besucherinteresse, denn dieses stromlinienförmig gestylte Fahrzeug war für einen Hersteller wie Adler einfach zu ungewöhnlich. Kenner der Szene wussten, dass dieser Wagen eine Konstruktion des ehemals für Steyr arbeitenden Ingenieurs Karl Jenschke war – immerhin besaß der Adler einige Wesensmerkmale des ähnlich aussehenden Steyr 50. Im Volksmund wurde der große Adler bald „Autobahn-Adler" genannt, doch dort war er ebenso selten anzutreffen wie auf anderen Straßen – nur Individualisten vermochten sich für dieses ungewohnte Styling zu begeistern.

Adler 2 Liter

1938 präsentierte Adler mit dem
Modell 2 Liter eine geräumigere
Alternative zum Trumpf Junior.
Neben einem größeren Radstand
(2920 anstelle 2630 mm) wurde der
ebenfalls über die Vorderräder angetriebene Wagen mit einem stärkeren
Motor bestückt, welcher eine Höchstgeschwindigkeit von 110 km/h
garantierte. Mit der vom Junior her bekannten Karosserievielfalt lag
der Einstiegspreis für den 2 Liter zwischen 4350 und 6000 Reichsmark. Neu im Programm war ein bei den Karmann-Werken her-
gestellter Limousinenaufbau, den man an sechs Seitenfenstern
erkannte. Im Gegensatz zu vielen anderen Automobilwerken, die
ihre Produktion zu Beginn des Zweiten Weltkriegs einstellten, fertigte Adler das 2-Liter-Modell noch eine Weile für Exportzwecke.

Hubraum/Zylinder: 1910 ccm/4 Zyl.
PS/kW: 45/33
Bauzeit: 1938–1940
Stückzahl: ca. 7500

Audi Front Typ UW 2 Liter

Als die Audi-Werke 1932 in die Auto Union AG integriert wurden, entwickelte man bei Audi eine Fahrzeugpalette, die das Segment der oberen Mittelklasse bedienen sollte. Anlässlich der Deutschen Automobilausstellung 1933, bei der die

Hubraum/Zylinder: 1950 ccm/6 Zyl.
PS/kW: 40/29,3
Bauzeit: 1933–1934
Stückzahl: ca. 2000

Auto Union zum ersten Mal als neues Unternehmen teilnahm, präsentierte man mit dem Audi Front einen fortschrittlichen Wagen, bei dem nicht mehr die Hinter-, sondern die Vorderräder angetrieben wurden. Leider hinkte der Verkaufserfolg allen Erwartungen hinterher – das technisch geniale, aber noch ungewohnte Konzept des Frontantriebs wurde von den überwiegend konservativ eingestellten Käufern kategorisch abgelehnt. Der 100 km/h flotte Wagen blieb trotz aller Vorzüge ein Außenseiter.

Audi 920

Auf der Suche nach Möglichkeiten, dem Audi Front 225 einen Nachfolger mit angemessener Motorisierung an die Seite zu stellen, erinnerte man sich im Auto Union-Konzern an ein inzwischen zu den Akten gelegtes Konzept: Um einen kostengünstigen

Hubraum/Zylinder: 3281 ccm/6 Zyl.
PS/kW: 75/55
Bauzeit: 1938–1940
Stückzahl: ca. 1200

Sechszylinder zu erhalten, sollte schon vor Jahren Horchs Reihenachtzylinder um zwei Zylinder gekappt werden! Audi griff diese Idee nun wieder auf und entwickelte nach diesen Plänen den neuen Audi Typ 920. Als seine Serienproduktion im November 1938 anlief, standen serienmäßig zwei Versionen zur Wahl – eine Limousine mit sechs Fenstern und ein Cabriolet. Der Preis des Typs 920 lag zwischen 7600 und 8750 Reichsmark – das machte den Wagen für diejenigen interessant, die sich aus finanziellen Gründen bisher keinen Horch leisten konnten.

BMW 309

Anfang 1934 erschien bei BMW der Typ 309, der Fahrwerk und Karosserie seines Vorgängers mit dem preiswerteren Antrieb des Modells 3/20 verband. Um die Motorleistung dem höheren Wagengewicht anzupassen, wurde der Hubraum leicht erhöht, wodurch 2 PS gewonnen wurden. Trotzdem zählte der BMW 309 weiterhin zu den weniger temperamentvollen Autos – mehr als 80 km/h waren kaum drin. Das konnte wirtschaftlich denkende Kunden aber nicht abhalten, die sonstigen Vorzüge dieses Modells wie Sparsamkeit und einen in dieser Klasse bemerkenswerten Komfort zu genießen. Käufer hatten ab Werk Eisenach die Wahl zwischen der Limousine, Cabrio-Limousine und dem Tourer. Darüber hinaus wurden etwa 1000 Fahrgestelle für individuelle Karosserien verkauft.

Hubraum/Zylinder: 845 ccm/4 Zyl.
PS/kW: 22/16,1
Bauzeit: 1934–1936
Stückzahl: ca. 6000

BMW 315/1

Auf der Berliner Automobilausstellung
1933 zeigte BMW den Prototypen
eines Sportroadsters mit auffallend
schöner Linienführung, dessen Motor
als Novum anstelle von zwei mit
drei Vergasern bestückt wurde. Das
Publikum fand an dem dezent leis-

Hubraum/Zylinder:	1490 ccm / 6 Zyl.
PS/kW:	40 / 29,3
Bauzeit:	1934–1935
Stückzahl:	230

tungsgesteigerten Wagen so viel Gefallen, dass eine Serienfertigung
in kleinem Umfang beschlossen wurde – nicht zuletzt auch, um im
prestigeträchtigen Rennsport ein Wort mitreden zu können. Ab
Sommer 1934 war der Roadster für stolze 5200 Reichsmark zu
haben. Mit dem Prototypen verglichen, gab es inzwischen eine
andere Anordnung der Scheinwerfer sowie seitliche Lüftungsgitter
in der Motorhaube – ursprünglich waren nur Schlitze geplant. Mit
dem 315/1 nahm übrigens die Geschichte der BMW-Automobile
auf der Rennstrecke ihren Anfang.

BMW 328

In aller Stille entwickelte BMW Mitte der 30er Jahre diesen Sportwagen, der bald für große Aufmerksamkeit sorgen sollte und BMW einen der vorderen Plätze in der internationalen Renngeschichte einbrachte. Zwar gehörte man mit den Typen

Hubraum/Zylinder: 1971 ccm/6 Zyl.
PS/kW: 80/58,6
Bauzeit: 1936–1939
Stückzahl: 464

315/1 und 319/1 zu den renommierten Automobilherstellern, doch die Konkurrenz bot immer stärkere Modelle an, und die leistungsschwächeren 319/1 reichten nicht mehr aus, um weiterhin vorn mitfahren zu können. Da der kleinen Rennsportabteilung nur geringe Mittel zur Verfügung standen – man baute erst seit sieben Jahren Autos und entwickelte Eigenkonstruktionen erst seit vier Jahren – musste bei dem neuen Modell auf Bewährtes zurückgegriffen werden, weshalb ein stabiler Rohrrahmen mit Kastenquerträgern die Basis für den neuen 328 bildete.

BMW 326 Limousine

Nach bescheidenen Anfängen mit dem Dixi-Nachfolger (3/15 PS) hatte BMW ab 1933 immer mehr anspruchsvollere Wagen im Verkaufsprogramm. Allerdings unterschieden sich die Baureihen 303, 309, 315 und 319 von der Größe der Karosserie kaum – sie entsprachen in diesem Punkt der unteren Mittelklasse. Um auch für Kunden mit gehobenen Wünschen an Geräumigkeit und Komfort ein repräsentatives Modell bereit zu halten, wurde für 1935 eine große Limousine entwickelt. Für ihren Antrieb modifizierte man den bisherigen Sechszylindermotor durch leichtes Aufbohren zum 2-Liter-Aggregat. Während das Fahrgestell samt Antrieb in Eisenach entstand, wurden die Ganzstahlkarosserien mit moderner „Nierenfront" (sie bestimmte ab nun das Aussehen aller Folgemodelle!) bei dem Zulieferer Ambi-Budd in Berlin gebaut.

Hubraum/Zylinder: 1971 ccm/6 Zyl.
PS/kW: 50/36,7
Bauzeit: 1936–1941
Stückzahl: 15873

DKW F 5 Luxus-Cabriolet

Der große Erfolg aller frontangetriebenen DKW-Wagen ist unter anderem darauf zurückzuführen, dass das
Werk die gesamte Modellreihe – vom
frühen F 1 bis hin zum F 8 der späten 30er Jahre – in allen nur denk-
baren Karosserieversionen auf den

Hubraum/Zylinder: 692 ccm/2 Zyl.
PS/kW: 20/14,7
Bauzeit: 1936–1937
Stückzahl: ca. 15000

Markt brachte. Eine für die Käufer besonders reichhaltig und elegant
ausgestattete Variante wurde erstmals 1936 beim Typ F 5 realisiert –
den konnte man jetzt als zwei- oder viersitziges Luxus-Cabriolet
haben! Die meisten Luxus-Cabrio-Aufbauten fertigte von 1936 bis
1940 der Stuttgarter Karosseriebetrieb Baur, aber auch die sächsische
Karosserieschmiede Hornig nahm sich dieser Aufbauten an. Bei
Hornig entstand außerdem in einer Kleinauflage von 150 Einheiten
noch eine bestechend elegante Roadster-Karosserie.

DKW F 5 K 700

Als **DKW 1932** durch den Zusammenschluss der Firmen Audi, DKW,
Horch und Wanderer in die Auto
Union integriert wurde, baute man
die Modellreihe frontangetriebener
Automobile konsequent aus und
ergänzte 1936 mit dem Zwischenmodell Typ F 5 K das Angebot. Eine
interessante Detaillösung dieses Wagens – er basierte auf einem
Chassis mit verkürztem Radstand – war der ausklappbare Notsitz
im Heck, der schon damals scherzhaft als „Schwiegermuttersitz"
bezeichnet wurde, doch der Platz unter dieser Klappe ließ sich auch
als Stauraum nutzen. Statistisch betrachtet, zählten die DKW der
Baureihe F 1 bis F 8 damals zu den am meisten gefahrenen Wagen
in Deutschland – die Produktionszahlen der gesamten Modellreihe,
die bis 1942 gebaut wurde, lag bei etwa 218000 Einheiten.

Hubraum/Zylinder: 584 ccm/2 Zyl.	
PS/kW: 18/13,2	
Bauzeit: 1936	
Stückzahl: ca. 60000	
(gesamte F 5-Baureihe)	

Ford Eifel 5/34 PS

Automobile der unteren Hubraum-klassen waren der Ford Motor Company lange Zeit fremd. Erst 1932 stellte die britische Dependance des Konzerns das Modell Y auf die Räder. Ein Jahr später wurde die Konstruktion auch von den Kölner

Hubraum/Zylinder:	1172 ccm/4 Zyl.
PS/kW:	34/25
Bauzeit:	1935–1939
Stückzahl:	ca. 61 500

Ford-Werken übernommen und mit der Bezeichnung „Ford Köln" auf den Markt gebracht. Leider wurde der Wagen mit Zurückhaltung aufgenommen. Erst das Nachfolgemodell, der etwas größere Ford Eifel mit 1,2 Liter Hubraum, konnte sich größerer Akzeptanz erfreuen, obwohl er ebenfalls ein Ableger der englischen Ford-Werke war. Ab August 1933 trug dieses Modell – wie alle anderen in Deutschland gefertigten Ford-Wagen auch – ein ganz spezielles Markenemblem mit der Aufschrift „Ford – Deutsches Erzeugnis".

Goliath Pionier

Borgward erkannte bereits zu Beginn
der 20er Jahre die Notwendigkeit,
neben großen Personenwagen auch
Kleinstfahrzeuge als günstige Alternative auf den Markt bringen zu
müssen. Durch den Erfolg seines
sogenannten Blitzkarrens ermutigt,

Hubraum/Zylinder: 198 ccm/1 Zyl.
PS/kW: 5,5/4
Bauzeit: 1931–1934
Stückzahl: ca. 4000

ergänzte er die Modellpalette zunächst mit dem Goliath-Lieferwa-
gen, bevor er 1931 auf der Berliner Automobilausstellung den Pkw
namens Pionier präsentierte. Der Pionier profitierte von der Steuer-
befreiung für Fahrzeuge bis 200 ccm Hubraum und ließ sich führer-
scheinfrei fahren. Die Holzkarosserie des simplen Zweisitzers wurde
mit Kunstleder bezogen, und der im Heck platzierte Einzylinder-
Zweitaktmotor genügte jener Käuferschicht, die mit bescheidenem
Fahrkomfort nicht schneller als 50 km/h über die Straßen tuckern
wollte.

Hanomag 4/23 PS

Nach ersten Gehversuchen im Automobilbau und dem erfolgreichen
Start des Hanomag 2/10 PS in den
20er Jahren entwickelte die Hannoversche Maschinenbaufabrik als
nächsten Schritt die Modellreihe
3/16 PS und 4/20 PS, bevor man die

Hubraum/Zylinder: 1097 ccm/4 Zyl.
PS/kW: 23/16,8
Bauzeit: 1931–1934
Stückzahl: ca. 6000

30er Jahre anlässlich der Berliner Automobilausstellung endlich mit
viersitzigen Fahrzeugen eröffnete. Unter den zahlreichen Modellen,
die sich alle im Bereich der 1-Liter-Klasse bewegten, konnte vor allem
der 4/23 PS für längere Zeit seine Position behaupten. Er zählte mit
einem Radstand von 2450 mm und einer Spurweite von 1200 mm zu
den etwas geräumigeren Fahrzeugen, die mit einer soliden Karosserie
in Ganzstahlbauweise bestückt wurden – einziger Nachteil dieses
Aufbaus war der nur vom Innenraum her zugängliche Kofferraum.

Horch 670

Im Herbst 1931 zeigten die Zwickauer Horch-Werke auf dem Pariser Salon ihr neues Spitzenprodukt: Ein Sport-cabriolet mit Zwölfzylindermotor, leuchtend gelb lackiert, mit braunem Verdeck und grünem Leder ausge-schlagen. Zwischen 1932 und 1934

Hubraum/Zylinder:	6021 ccm/12 Zyl.
PS/kW:	120/87,9
Bauzeit:	1931–1934
Stückzahl:	ca. 80

wurde dieser noble Horch jedoch nur 80-mal verkauft. Der Markt für solche Luxusautos schrumpfte, obwohl Horch in der gesamten Oberklasse, zu der auch Maybach-Automobile und Mercedes-Benz zählten, eindeutiger Marktführer war und dank interessanter Preise rund ein Drittel mehr Automobile als die Konkurrenz verkaufte: So lieferte Horch 1932 in Deutschland 773 Wagen aus und konnte etwa 300 exportieren. Das genügte aber nicht, denn durch die Absatz-finanzierung entstanden zusehends Löcher in der Finanzplanung.

Horch 8 Typ 780

Nach Differenzen mit dem Vorstand und dem Aufsichtsrat verließ August Horch bereits 1909 das von ihm gegründete Unternehmen und initiierte in Zwickau eine weitere Firma – die Audi-Werke. In den 20er Jahren zog Horch nach Berlin und wirkte von dort aus seit 1932 als Aufsichtsratsmitglied der Auto Union AG als Sachverständiger und Gutachter bei der technischen Entwicklung des Unternehmens mit. Im Herbst 1926 stellten die „alten" Horch-Werke bereits ein neues Modell mit einem von Paul Daimler konstruierten Achtzylinder-Reihenmotor vor. Dieser Motor bestach durch seine Zuverlässigkeit und Laufkultur, und die von 1930 bis 1935 unter dem Sammelbegriff Horch 8 geführte Modellreihe, die ebenfalls von dieser Entwicklung profitierte, wurde bald zum Begriff für gehobene Ansprüche im Automobilbau.

Hubraum/Zylinder: 4944 ccm/8 Zyl.
PS/kW: 100/73,2
Bauzeit: 1932–1935
Stückzahl: ca. 4000 (gesamte Baureihe)

Horch 830 Bk

Obwohl die Leistung des 1933 konstruierten V8-Zylinders im Laufe
der Zeit von 70 auf 92 PS anstieg,
änderte das nichts an der Tatsache,
dass die gesamte reichhaltige
Modellpalette, die mit dem V8
ausgestattet wurde, im Verhältnis zu

Hubraum/Zylinder:	3517 ccm/8 Zyl.
PS/kW:	75/55
Bauzeit:	1936
Stückzahl:	ca. 3500

anderen Horch-Automobilen in der Firmengeschichte stets nur
der „kleine" Horch blieb. Dennoch wurde dieses Baumuster vom
Publikum begeistert aufgenommen, und entgegen der Gewohnheit,
Wagen mit längerem Radstand den Vorzug zu geben, entschied sich
das Gros der Käufer für die kurze Version mit 3200 mm Radstand,
während nur ganz wenige ein Modell mit 3350 mm Radstand
favorisierten. In zahlreichen Karosserieausführungen zu haben,
bediente der 830 viele Käuferschichten – er lief sogar als beliebter
Behördenwagen auf
den Straßen.

Horch 853 A

1935, mit dem Wegfall der Hubraum-
steuer, präsentierte Horch unter dem
Sammelbegriff „Horch 5 Liter" eine
weitere Baureihe, unter deren Haube
sich generell ein Achtzylinder-Reihenmotor befand. Das anfangs 100
und später 120 PS starke Aggregat

Hubraum/Zylinder: 4944 ccm/8 Zyl.
PS/kW: 120/87,9
Bauzeit: 1938–1939
Stückzahl: ca. 1000

wurde am meisten für das Sportcabriolet vom Typ 853 genutzt –
diesen Wagen hielten schon damals viele für den schönsten Horch,
der je gebaut worden ist. Mit dem 853 konnte Horch die Spitzen-
position im Luxuswagensegment deutlich behaupten – der Marktanteil betrug 1937 sogar über 50 Prozent! Das Cabriolet war von
den Boulevards und Promenaden einfach nicht wegzudenken. Für
namhafte Karosseriebauer wie Erdmann & Rossi, Gläser oder
Wendler war es geradezu eine Herausforderung, dieses Modell
„einkleiden" zu dürfen.

Horch 951 A

🐛 **Von der Optik her betrachtet,** ver-
körperte in Horchs 5-Liter-Baureihe
zweifellos das Modell 853 den for-
malen Höhepunkt. Beurteilt man
die Baumuster nach der Größe ihrer
Karosserie, zählt das Modell 951 zu
den Gewinnern. Der Radstand des
Typs 951 maß exakt 3750 mm und die Karosserieaufbauten, die
sich mit diesem Wert realisieren ließen, wurden in den Verkaufs-
unterlagen unter der Bezeichnung Pullmann-Limousine gelistet.
Besitzer eines solchen Modells waren es gewohnt, sich chauffieren
zu lassen – leicht bewegen ließ sich der 951 nämlich nicht! Bei einer
Gesamtlänge von 5640 mm brachte das Auto etwa 2810 kg auf die
Waage. Sein Wendekreis betrug 16,5 Meter, und der durchschnitt-
liche Benzinverbrauch lag bei circa 23 Litern auf 100 Kilometer.

Hubraum/Zylinder: 4944 ccm/8 Zyl.
PS/kW: 120/87,9
Bauzeit: 1938–1940
Stückzahl: ca. 1200

Maybach Zeppelin DS 8 Cabrio

1921 begann Karl Maybach in
Friedrichshafen mit dem Bau eigener
Automobile: Allerdings wurden nur
Rahmen, Fahrwerk, Motor, Getriebe,
Kühler, Spritzwand und alle anderen
Aggregate als fahrbereites Chassis
zusammengebaut – für die Aufbau-

Hubraum/Zylinder:	7978 ccm / 12 Zyl.
PS/kW:	200 / 146,5
Bauzeit:	1930–1934
Stückzahl:	ca. 190

ten waren Karosseriebaufirmen zuständig, die sich ihrerseits den
Wünschen der Kunden anpassten. Mit der im benachbarten Ravens-
burg ansässigen Karosseriebaufirma Herrmann Spohn kam es im
Laufe der Jahre zu einer engen Zusammenarbeit, teilweise zu einer
Art Serienbau in kleinsten Stückzahlen. Aber Spohn musste sich
Maybachs lukrative Aufträge stets mit anderen Karosseriebauern
wie Gläser in Dresden, Auer in Stuttgart oder Erdmann & Rossi in
Berlin teilen.

Maybach Zeppelin DS 8

Der Maybach Typ Zeppelin war einer
der berühmtesten Vertreter im Reigen
internationaler Luxus-Automobile
der 30er Jahre. Schon damals beur-
teilte die Fachpresse diesen Zwölfzylinder ausgesprochen positiv und
die „Allgemeine Automobilzeitung"

Hubraum/Zylinder: 7978 ccm/12 Zyl.
PS/kW: 200/146,5
Bauzeit: 1938–1940
Stückzahl: ca. 190

schrieb im Sommer 1933: „... Die Maybach-Zeppelin-Modelle
gehören zu den wenigen Fabrikaten der internationalen Sonder-
klasse. Sie sind großer Luxus, mit technischer Verschwendung ausgestattet, und nur wenigen Auserwählten greifbar, wie auch die
Serien klein sind, in denen diese prächtigen Wagen gebaut werden".
Besonderes Lob verdienten vor allem die Fahreigenschaften: Trotz
des langen Radstands von 3735 mm und dem hohen Gewicht glitt
der Wagen geradezu leichtfüßig dahin.

Maybach Zeppelin DS 8 Limousine

Dank ihrer herausragenden Technik, der geschmeidigen Motoren und der den Kundenwünschen entsprechend hochwertigen Ausstattung etablierten sich die exklusiven Maybach-Wagen sehr schnell auf dem Weltmarkt. Ihre handgearbeiteten

Hubraum/Zylinder:	7978 ccm/12 Zyl.
PS/kW:	200/146,5
Bauzeit:	1938–1940
Stückzahl:	ca. 190

Aufbauten, sei es als Limousine, als voluminöser Pullman, als zwei- bis siebensitziges Coupé, Cabrio oder Roadster, standen in direkter Konkurrenz zum „Großen Mercedes", zu Rolls-Royce, Bentley, Isotta-Fraschini und anderen Luxuswagen. Wer einen Maybach fuhr – oder sich fahren ließ – dem bot sich ein Panorama besonderer Art: Vor den Augen streckte sich eine mächtige Motorhaube und man hatte stets das Markenzeichen – die zum Dreieck verwobene Buchstabenkombination „MM" (Maybach Motorenbau) – in Form einer Kühlerfigur im Blick.

Maybach Zeppelin DS 8 Limousinen-Coupé

Einem Luxuswagen angemessen, konnten Kaufinteressenten in Maybachs Prospekten neben technischen Daten noch mehr über ihren Wagen erfahren – zum Beispiel, warum die Bezeichnung „Zeppelin" gewählt wurde: „… wurde gewählt, um auch äußerlich zum Ausdruck zu bringen, dass der Zwölfzylinder-Maybach aufgrund der Erfahrung mit den Maybach-Zeppelin-Luftschiffmotoren konstruiert ist. Ein Name als Symbol für die Grundsätze, nach denen Maybach-Wagen gebaut werden: Nur Bestes aus Bestem zu schaffen, von dauerndem Wert, in höchster Vollendungsform neuen Entstehens. … Als Verkörperung des hochwertigen Reise- und Repräsentationswagens – wie als rassiger Typ für den passionierten Sportsmann – ist der ‚Maybach-Zeppelin' das Automobil letzter Wunscherfüllung …".

Hubraum/Zylinder: 7978 ccm / 12 Zyl.
PS/kW: 200/146,5
Bauzeit: 1938–1940
Stückzahl: ca. 190

Maybach SW 38

Um die Modellpalette der großen
Zeppelin-Typen zu ergänzen und
abzurunden, präsentierte Maybach
1935 eine etwas kleinere Fahrzeugklasse, deren Einstiegspreis bei etwa
20000 Reichsmark lag – ein Zeppelin
kostete bis zu 38500 Reichsmark!

Hubraum/Zylinder: 3817 ccm/6 Zyl.
PS/kW: 140/102,5
Bauzeit: 1936–1939
Stückzahl: ca. 520

Diese Baureihe mit Einzelradfederung wurde von Maybach als
„Schwingachs-Wagen" bezeichnet, wovon das Kürzel SW abgeleitet
wurde. Alle SW-Modelle profitierten von neu entwickelten Hoch-
leistungsmotoren (HL-Motoren) mit Hubräumen von 3,5, 3,8 und
4,2 Liter – sie kamen dementsprechend als Typ SW 35, SW 38 oder
SW 42 auf den Markt. Die SW-Modelle zählten zu den meistverkauf-
ten Maybach-Wagen – der letzte Maybach, der 1941 noch aus Restbeständen von Einzelteilen auf die Räder gestellt wurde, war
übrigens ein Typ SW 42.

Mercedes-Benz 18/80 PS Typ Nürburg 460

Als Horch 1926 mit seinen neuen Achtzylindern den bei weitem größten Marktanteil in der gehobenen Fahrzeugklasse errang, musste Daimler-Benz notgedrungen nachziehen – man entwickelte unter der Regie des damaligen Chefkonstrukteurs Ferdinand Porsche ein entsprechendes Gegenstück, heraus kam das Modell Nürburg. Dieser Wagen erhielt seinen Namen allerdings nicht wegen sportlicher Meriten, sondern weil er im Rahmen eines Dauertests 20000 Kilometer Laufleistung auf dem Nürburgring absolvierte. Gegenüber der Gewohnheit, aufwendige Straßentests durchzuführen, favorisierte Daimler-Benz diesmal diese Art der Zuverlässigkeitsprüfung – das Werk stand unter Zeitdruck und man konnte sich nicht erlauben, einen Wagen mit etwaigen Kinderkrankheiten auf den Markt zu bringen.

Hubraum/Zylinder:	4622 ccm/8 Zyl.
PS/kW:	80/58,6
Bauzeit:	1928–1933
Stückzahl:	2893

Mercedes-Benz Typ Mannheim 370 S

Der Mercedes-Benz 370 S, besser
bekannt unter der Modellbezeichnung Mannheim, gab ein beispiel-
haftes Muster ab, dass es durchaus
möglich war, aus den technischen
Bestandteilen einer biederen Limousine einen sportlich aussehenden

Hubraum/Zylinder:	3689 ccm/6 Zyl.
PS/kW:	75/55
Bauzeit:	1930–1933
Stückzahl:	183

Zweisitzer zu machen. Trotz seiner bescheidenen Leistung von nur
75 PS zählte dieser Mittelklassewagen mit verkürztem Fahrgestell
damals zu den schönsten Modellen des Konzerns – Rennfahrer
Rudolf Caracciola besaß einen 370 S als Zweitwagen. Ein Erfolg
wurde der 370 S dennoch nicht: Aufgrund der in der Automobilindustrie herrschenden Absatzkrise konnte das Werk von dem
nur 10800 Reichsmark teuren Sport-Modell gerade 183 Wagen
verkaufen. Die Normalversion mit längerem Radstand – meist
Limousinen – fand etwa 1200 Käufer.

Mercedes-Benz Typ 170

Schon 1930 gab es Gerüchte, dass
Daimler-Benz einen kompakten
Mittelklassewagen auf den Markt
bringen wolle – erstmals sehen
konnte man das Ergebnis 1931 auf
dem Pariser Automobilsalon. Der
Typ 170, ein formal gelungenes und

Hubraum/Zylinder: 692 ccm/6 Zyl.
PS/kW: 32/23,4
Bauzeit: 1931–1936
Stückzahl: 13775

gut ausgestattetes Auto, zeichnete sich vor allem durch eine
Preiswürdigkeit aus, die dem Unternehmen in dieser wirtschaftlich
schwierigen Zeit trotzdem wachsende Umsätze bescherte. Was den
170 aber zur eigentlichen Sensation machte, war sein Fahrwerk mit
den vier erstmals einzeln aufgehängten Rädern: vorn achslos an
zwei querliegenden Blattfedern, hinten an je einer Halbpendelachse.
Diese Konstruktion vereinigte hohe Stabilität mit einem Minimum
an ungefederten Massen, und so setzte man mit dem 170 einen
Meilenstein in Richtung Fahrkomfort und Fahrsicherheit.

Mercedes-Benz Typ 500 K

Mit dem 500 K nahm Mercedes-Benz
Abschied von den „Roaring Twen-
ties", in denen die S, SS, SSK und
SSKL-Modelle für Schlagzeilen sorg-
ten. Die Zeit harter Fahrwerke mit
Starrachsen hatte jetzt ein Ende, und
auch der meist zweckbestimmende
Karosseriestil gehörte der Vergan-

> **Hubraum/Zylinder:** 5018 ccm/8 Zyl.
> **PS/kW:** 100 (mit Kompressor 160)/
> 73 bzw. 117
> **Bauzeit:** 1934–1936
> **Stückzahl:** 342

genheit an. Der neue 500 K Sportwagen traf den Nerv zahlungs-
kräftiger Kunden, denn er bot ihnen neben hohen PS-Zahlen auch
jede Menge Eleganz und Komfort, was vor allem den immer zahlreicher werdenden selbstfahrenden Damen sehr gelegen kam. Vom
Fahrkomfort her verwöhnte der 500 K seine Insassen erstmals mit
einer Einzelradaufhängung, die neben der schon 1931 eingeführten
Zweigelenk-Pendelachse als sensationelle Weltneuheit eine Doppel-
Querlenker-Vorderachse zu bieten hatte.

Mercedes-Benz Typ 540 K

🚗 **Der schier unstillbare Leistungshunger**
der betuchten Kundschaft ließ aus
dem Typ 500 K den Typ 540 K ent-
stehen. Um auch seinen Motor an
die Grenzen der Leistungsfähigkeit
zu bringen, konnte man kurzfristig –
zum Beispiel beim Überholen – den
Kompressor hinzuschalten: Ähnlich
dem Kick-down-Effekt geschah dies über das Gaspedal, indem ein
Druckpunkt überwunden wurde. Das Viergang- oder wahlweise
Fünfganggetriebe war mit Ausnahme des ersten Ganges synchronisiert und brachte die Antriebskraft über eine Einscheiben-Trockenkupplung an die Hinterräder. Die Höchstgeschwindigkeit von
170 km/h war für einen Wagen dieser Klasse damals ein absoluter
Traumwert – ebenso der Benzinverbrauch zwischen 27 und 30 Liter
auf 100 Kilometer Fahrtstrecke.

Hubraum/Zylinder: 5401 ccm/8 Zyl.
PS/kW: 115 (mit Kompressor 180)/
84 bzw. 132
Bauzeit: 1936–1939
Stückzahl: 406

Mercedes-Benz Typ 260 D

Daimler-Benz experimentierte bereits 1933 erfolgreich mit einem Dieselmotor, der dazu gedacht war, kurze Zeit später in einem Personenwagen Verwendung zu finden. 1936 hatte man das Aggregat schließlich zur Serienreife entwickelt und auf der Berliner Automobilausstellung präsentiert. Der Wagen, der damit ausgestattet wurde und um den sich die Fachbesucher drängten, war ebenfalls ein neues Modell, das die Typenbezeichnung 260 trug. Kritische Tester attestierten dem Typ 260 bald ausgezeichnete Laufeigenschaften. Da die relativ raucharme Maschine sehr wirtschaftlich arbeitete, legte Daimler-Benz in einer Sonderserie etwa 170 Exemplare auf, die in einem Großversuch auf ihre Brauchbarkeit als Taxi getestet wurden.

Hubraum/Zylinder: 2545 ccm/4 Zyl.
PS/kW: 45/33
Bauzeit: 1936–1939
Stückzahl: 1967

Mercedes-Benz Typ 320

1937 debütierte bei Daimler-Benz
mit dem Typ 320 ein Wagen, dessen
kurzes Fahrgestell (2880 mm) ausnahmslos mit attraktiven Cabriolet-
und Coupé-Aufbauten bestückt
wurde. Als man den Hubraum des
Motors ein Jahr später von 3,2 auf

Hubraum/Zylinder: 3405 ccm / 6 Zyl.
PS/kW: 78/57,1
Bauzeit: 1937–1942
Stückzahl: ca. 5100

3,4 Liter anhob, blieb man weiterhin der alten Modellbezeichnung
treu. Ergänzend zu den eleganten Zweisitzern wurde der Wagen
nun auch mit einem längeren Chassis (3300 mm Radstand) geliefert.
Die größten und geräumigsten Karosserieaufbauten erhielten serienmäßig sechs Seitenfenster und konnten am Heck noch zusätzlich
mit einem Anbaukoffer bestückt werden, der sich harmonisch dem
Wagendesign anpasste. Die ab 1938 gebauten Wagen profitierten
von einem sogenannten Ferngang – eine Art Overdrive, der die
Motordrehzahl reduzierte.

NSU Prototyp/Porsche 32

Bereits 1931 hatte die NSU Vereinigte
Fahrzeugwerke AG wegen Absatzschwierigkeiten auf dem Motorrad-
sektor die Idee, wieder Automobile
zu bauen – 1928 hatte man die Per-
sonenwagenfabrikation bereits an
Fiat verkauft. Der Auftrag zur Kon-

Hubraum/Zylinder: 1470 ccm/4 Zyl.
PS/kW: 28/20,5
Bauzeit: 1934
Stückzahl: 1

struktion eines Kleinwagens wurde an Porsche vergeben, der schon
im August 1933 erste Konzeptentwürfe vorlegte, die er im Dezember
mit Detailzeichnungen ergänzte. Ein halbes Jahr später stand der
Termin für die Probefahrt fest: Dabei traten Schwierigkeiten mit den
Federstäben auf, die aufgrund mangelnder Qualität ständig brachen.
Diverse Verbesserungen brachten den Prototypen zwar zur Serienreife, doch weil sich NSU zwischenzeitlich außerstande sah, Kapital
in die Fertigung zu investieren, wurde das Projekt bald zu den
Akten gelegt.

Opel 1,8 Liter

Die Eingliederung in den General
Motors-Konzern bescherte Opel
zunächst ein Fahrzeug der 1,8-Liter-
Klasse, das in den USA entwickelt,
aber nur in Europa gebaut wurde.
Die Fachpresse nahm das neue
Modell begeistert auf – man profi-
tierte schließlich vom amerikanischen Fortschritt: Bis auf die
Chassiskonstruktion verbarg sich unter dem zurückhaltenden
Design modernste Technik: Der Sechszylindermotor lief ruhig und
geschmeidig, die Lenkung reagierte präzise und das Dreiganggetriebe ließ sich leicht schalten. Die Produktion der 1,8-Liter-Modelle
lief im Januar 1931 erfolgreich an und wurde durch die Aufnahme
vieler Karosserievarianten permanent ausgebaut. Dank der ständigen
Programmerweiterung konnte Opel 1936 bereits 19000 Mitarbeiter
beschäftigen.

Hubraum/Zylinder:	1790 ccm/6 Zyl.
PS/kW:	32/23,4
Bauzeit:	1931–1933
Stückzahl:	ca. 31500

Opel Super 6

1937 stellte Opel den Vertretern der
Fachpresse den neuen Super 6 vor.
Dieses Fahrzeug im Segment der
oberen Mittelklasse wurde von einem
2,5 Liter großen Motor angetrieben,
zu dessen Besonderheit die Verwendung hängend angeordneter Ventile

Hubraum/Zylinder: 2473 ccm/6 Zyl.
PS/kW: 55/40,3
Bauzeit: 1937–1938
Stückzahl: ca. 46000

zählte – man versprach sich davon eine Optimierung des Wirkungs-
grads, bessere Verwirbelung des Benzin-Luft-Gemischs und die
vollständige Ausströmung verbrannter Gase. Technisch regelmäßig
überarbeitet, verwendete Opel diesen Motor übrigens noch 1959
als Standardantrieb im Opel Kapitän! Die Kraft der 55 PS starken
Maschine wurde per Dreiganggetriebe an die starre Hinterachse
gebracht – da der erste Gang nicht synchronisiert war, musste beim
Herunterschalten mit Zwischengas gearbeitet werden. Standardmäßig fertigte Opel den Super 6 als Zwei- und als Viertürer sowie
als viersitziges Cabriolet.

Opel Admiral

Rechtzeitig zur Automobil- und
Motorradausstellung 1937 in Berlin
präsentierte Opel zwei neue Wagen,
deren Aufgabe es war, die Marktseg-
mente der oberen Mittelklasse und
der Luxusklasse zu bereichern. Letz-
tere wollte man mit dem Modell
Admiral bedienen. In der 3,6-Liter-Klasse angesiedelt, versuchte
Opel mit diesem Flaggschiff jene Käuferschicht anzusprechen, die
Wert auf hohen Komfort und eine respektable Reisegeschwindigkeit
legte. Verschwenderische Platzanordnung, ein groß dimensionierter
Kofferraum und eine gediegene Innenausstattung waren nur die
optischen Merkmale des Admirals – seine wichtigste Neuerung
verbarg sich unter der Motorhaube: Hier arbeitete ein modernes
Aggregat mit hängenden Ventilen, die über eine Nockenwelle
nebst Stößeln und Kipphebeln betätigt wurden.

Hubraum/Zylinder: 3626 ccm / 6 Zyl.
PS/kW: 75/55
Bauzeit: 1938–1939
Stückzahl: ca. 6500

Röhr 8 Typ R 9/50 PS

1926 gründete der Automobilkon-
strukteur Hans Gustav Röhr in Ober-
Ramstadt die Röhr Auto AG, jenes
Unternehmen, in dem ein Jahr später
das erste deutsche Auto mit Einzelradaufhängung, Zahnstangenlen-
kung und Tiefbettkastenrahmen

Hubraum/Zylinder: 2246 ccm/8 Zyl.
PS/kW: 50/36,6
Bauzeit: 1928–1933
Stückzahl: ca. 1000

entstand. Bei der Konstruktion des Wagens kamen Erfahrungen aus
dem Flugzeugbau zur Anwendung, insbesondere die Technik der
Leichtbauweise – der Wagen wog nur knapp eine Tonne. Sein Debüt
hatte der Röhr 8 – laut Herstellerwerbung als „sicherster Wagen der
Welt" bezeichnet – auf der Berliner Automobilausstellung. In der
Folgezeit sorgten Röhr-Wagen auch auf den Salons in Paris, Amster-
dam und Genf für Gesprächsstoff, bis die Weltwirtschaftskrise 1930
dem Unternehmer Röhr eine finanzielle Bruchlandung bescherte.

Röhr 8 Typ F 13/75 PS

Dank dem Engagement diverser Geldgeber konnte Röhr 1931 die Automobilproduktion wieder aufnehmen
und dem Modell Röhr 8 noch zwei
weitere größere Wagen an die Seite
stellen – die Typen F und FK, die in
unterschiedlichen Karosserieversio-

Hubraum/Zylinder:	3287 ccm/8 Zyl.
PS/kW:	75/55
Bauzeit:	1933–1934
Stückzahl:	ca. 250

nen gefertigt wurden. 1933 ergänzte der kleine Junior die Modellpalette. Er war nichts anderes als ein Lizenzbau des Tatra Typ 75
und machte sich wie dieser vor allem durch seine einfache und
robuste Bauweise beliebt (1700 Stück). Ende der 30er Jahre wurden
Röhrs Fertigungsanlagen von dem Automobilwerk Stöwer in Stettin
übernommen. Stöwer kaufte auch bereits vorproduzierte Bauteile
des Junior auf und brachte die aus Restbeständen montierten Wagen
als Modell Greif Junior in den Handel.

Wanderer W 22

Das Markenimage von Wanderer war
geprägt durch die außerordentliche
Zuverlässigkeit dieser Autos und
durch ihre einmalige Fertigungs-
qualität, dafür mussten aber auch
beträchtliche Preise gezahlt werden.
Wanderer versuchte bereits der Ende

Hubraum/Zylinder: 1950 ccm/6 Zyl.
PS/kW: 40/29,3
Bauzeit: 1933–1934
Stückzahl: –

der 20er Jahre einsetzenden Krise mit moderner gestalteten Karosserien und stärkeren Motoren zu begegnen. Die Innovationsfreudigkeit
konnte jedoch nicht verhindern, dass die Fertigungszahlen zurück-
gingen. Bei Wanderer wurde der Automobilbau zu einem Geschäft
mit roten Zahlen. Die gesamte Motorradfertigung war bereits an
NSU und an das tschechische Unternehmen Janecek verkauft worden. Die Dresdner Bank, wichtigster Aktionär von Wanderer, stellte
bereits Überlegungen an, den Automobilbau abzustoßen.

Wanderer W 25 K

Die Auto Union AG bestand zwar
16 Jahre, doch bedingt durch den
Krieg, standen dem Konzern nur
sieben Jahre für Innovation und
Wachstum zur Verfügung. Diese Zeit-
spanne dokumentierte sich in über
3000 Patenten im In- und Ausland.

Hubraum/Zylinder: 1950 ccm / 6 Zyl.
PS/kW: 85 / 62,2
Bauzeit: 1936–1939
Stückzahl: 258

Jeder vierte Personenwagen, der 1938 in Deutschland zugelassen
wurde, stammte von der Auto Union – darunter auch diverse Luxuswagen. Bei Wanderer entstand 1936 noch ein besonders interessanter
Sportwagen, der dem BMW 328 Konkurrenz machen sollte – der Typ
W 25 K. Um ihn auf reichlich Leistung zu bringen, erhielt der Motor
zwecks Leistungssteigerung einen ständig mitlaufenden Kompressor.
Damit wurde dem Aggregat leider mehr abverlangt, als es vertragen
konnte – und das Sportwagenkonzept war zum Scheitern verurteilt.

Wanderer W 24

 **Wanderer-Automobile** hatten schon vor der Zeit der Auto Union einen neu konstruierten OHV-Motor mit Leichtmetall-Zylinderblock bekommen. Drum herum wurden nun moderne Fahrwerke und Karosserien entwickelt. Sie bekamen 1933 eine

Hubraum/Zylinder:	1767 ccm/4 Zyl.
PS/kW:	42/30,7
Bauzeit:	1937–1940
Stückzahl:	–

Schwingachse hinten und eine Starrachse vorn (Typen W 21/22) und schließlich 1936 auch vordere Einzelradaufhängung (W 40, 45, 50). Der zuverlässige OHV-Motor wurde 1937 durch einen seitengesteuerten Motor ersetzt, der die gleiche Leistung brachte. 1937 kamen erstmals die Modelle W 24 (Vierzylinder) und W 23 (Sechszylinder) mit diesen Motoren auf den Markt. Die Motoren waren standardisiert und die Fahrgestelle weitestgehend aufeinander abgestimmt (starre Hinterachse und hochgelegte Querfeder).

Bugatti T 44

Für den Modelljahrgang 1928 präsentierte Bugatti auf dem Pariser Salon
unter dem Kürzel T 44 einen Wagen,
den ein englischer Journalist als
einer der ersten Pressevertreter ausgiebig testen durfte. Kurz und bün-
dig schrieb er: „... dieser Bugatti-Test

Hubraum/Zylinder:	2991 ccm/8 Zyl.
PS/kW:	95/70
Bauzeit:	1928–1931
Stückzahl:	1095

war in der Tat einer der kürzesten, die ich je durchgeführt habe.
Ich wusste ja schließlich im Voraus, was ich von einem Bugatti zu
erwarten hatte und war selbstverständlich auf die beeindruckende
Motorleistung ebenso vorbereitet wie auf die perfekte Funktion von
Kupplung und Getriebe. Ich wusste auch schon vor der Fahrt, dass
Lenkung und Federung kaum zu verbessern waren, und so musste
ich nur noch prüfen, ob der Achtzylinder sich so benahm, wie ich
es von einem Achtzylinder erwartete. Ich kann mich nicht erinnern,
jemals innerhalb so kurzer Zeit soviel Fahrfreude erlebt zu haben ...“.

Bugatti Typ 57 Atalante

Mit einem Radstand von 3300 mm
und einer Spurweite von 1350 mm
ließen sich auf dem Fahrgestell des
Bugatti 57 Karosserieaufbauten
äußerster Eleganz realisieren. Während ein Großteil der Kundschaft auf
die Anfertigung einer Sonderkarosserie bestand, gaben sich manche mit
Serienaufbauten zufrieden, die einen Vergleich zu anderen Entwürfen nicht scheuen mussten: Es handelte sich nämlich um Entwürfe
von Jean Bugatti, die er nach Alpenpässen benannte! So war beim
geschlossenen Viertürer von der Version Galibier die Rede, der Zweitürer mit extrem schräg gestellter Windschutzscheibe wurde als
Modell Ventoux gelistet, und das viersitzige Cabriolet nannte sich
Stelvio. Allerdings wurden die Aufbauten nicht im eigenen Hause,
sondern beim Karosserier Gangloff in Colmar gefertigt.

Hubraum/Zylinder: 3257 ccm/8 Zyl.
PS/kW: 160/117,2
Bauzeit: 1937–1940
Stückzahl: ca. 700 (gesamte
Baureihe)

Citroen 7 CV

„Von jetzt ab ziehen die Pferde vorn",
hieß es 1934 in der Citroen-Wer-
bung. Man hatte nämlich unter
immensen Kosten einen provoka-
tiven Wagen entwickelt, von dem
man wusste, dass er im krassen
Gegensatz zu dem stand, was Käufer

Hubraum/Zylinder: 1303 ccm/4 Zyl.	
PS/kW: 32/23,4	
Bauzeit: 1934–1936	
Stückzahl: –	

damals erwarteten. Trotzdem – die Rechnung ging auf, und das bald
unter dem Namen „Traction Avant" bekannt gewordene Auto mit
Frontantrieb, selbsttragender Karosserie ohne Rahmenchassis und
einer kompromisslosen Formgebung sollte für die kommenden
23 Jahre Citroens Verkaufsrenner Nummer eins werden. Bereits in
seiner ersten Version als Typ 7 verfügte es über viele technische
Neuerungen (beispielsweise die geteilte Lenksäule), die in Bezug auf
Sicherheit und Komfort weit über dem damaligen Standard lagen.

Citroen 11 CV

Da die Motorleistung des Modells
7 CV von nur 32 PS bald nicht mehr
den Ansprüchen der Kundschaft
entsprach, wurde Citroens Fronttriebler mit einem größeren Aggregat
bestückt und unter dem Kürzel 11 CV
auf den Markt gebracht. Inzwischen

Hubraum/Zylinder:	1911 ccm/4 Zyl.
PS/kW:	45 bis 63/33 bis 46
Bauzeit:	1934–1957
Stückzahl:	ca. 535000

konnte man auch unter drei Versionen wählen, die sich vom Radstand her unterschieden: Die kleinste Ausführung (2910 mm) wurde
als „Légère" (leicht) gelistet, während das Standardmodell (3090 mm)
die Bezeichnung „Normale" erhielt. Mit dem „Normale" besaß man
bereits einen mehr als geräumigen Wagen, von dem es scherzhaft
hieß, man könne im Fond tanzen. Wem das Platzangebot immer
noch nicht reichte, fand im Typ „Familiale" die Krönung des Pro-
gramms – auf 3270 mm Radstand basierend gab es nun für sieben
Insassen Platz.

Citroen 15 CV

1936 betrat mit dem 15 CV oder auch „15-six" genannten Modell eine Steigerung des 11 CV die Bühne, denn unter der Haube dieses Traction Avant werkelte ein Sechszylinder-motor, der ein angenehmes Vorwärtskommen bei bis zu 140 km/h

Hubraum/Zylinder: 2867 ccm/6 Zyl.
PS/kW: 77 bis 80 / 56 bis 59
Bauzeit: 1938–1955
Stückzahl: ca. 50 600

ermöglichte. Der französische Staat war von dieser Version derart angetan, dass man den 15 CV zum offiziellen Dienstwagen der Regierung und des Präsidentenpalastes machte. Davon abgesehen, kam den letzten Baumustern der Sechszylinder die Ehre zu, Pionier-modell der hydropneumatischen Federung gewesen zu sein. Auch dieser Wagen war, wie all seine Vorgänger und Ableger, ein Held unzähliger Kriminal-filme – weshalb die Traction Avant im Volksmund bald auf den Spitznamen „Gangsterlimousine" getauft wurden.

Delahaye 135 MS

Auf der Suche nach dem schnellsten
Straßensportwagen des Jahrgangs
1939 wurde damals in England auf
der Brooklands-Rennstrecke ein
Wettbewerb initiiert, bei dem ein
Alfa Romeo 2,9 Liter, ein Alfa
Romeo Monza 2,6 Liter, ein Talbot

Hubraum/Zylinder:	3557 ccm / 6 Zyl.
PS/kW:	130 / 95,2
Bauzeit:	1938–1952
Stückzahl:	–

Lago 4 Liter, ein Delage 3 Liter, ein Peugeot Darl'Mat, ein Alta
2 Liter und ein Delahaye 3,5 Liter teilnahmen – Letzterer konnte
den Sieg für sich beanspruchen. Damit konnte das Werk seine Aussage beweisen, in der garantiert wurde, dass der Delahaye 135 MS
auf der Rennstrecke eine Höchstgeschwindigkeit von 148 km/h
erreichen kann. Der Unterschied des 135 MS (Special) gegenüber
dem 135 M (Compétition) bestand lediglich darin, dass der MS
mit drei anstelle mit zwei Vergasern bestückt wurde.

Panhard & Levassor Dynamic

Während viele Automobilhersteller nach einigen Gehversuchen bald auf den Einsatz sogenannter Schiebermotoren verzichteten, blieb Panhard diesem ursprünglich in Amerika von Charles Knight entwickelten Konzept bis in die späten 30er Jahre hinein

Hubraum/Zylinder: 3813 ccm/6 Zyl.
PS/kW: 70/51,2
Bauzeit: 1936–1939
Stückzahl: –

treu. Der größte Vorteil dieser ventillosen Konstruktion lag zweifelsohne in ihrer Laufruhe, der allerdings ein enorm hoher fertigungstechnischer Aufwand gegenüber stand. Während Lizenznehmer wie die Daimler-Motoren-Gesellschaft und andere das Konzept schnell als nicht alltagstauglich einstuften, verstand es Panhard allem Anschein nach besser, mit dieser raffinierten Technik umzugehen. Panhard lieferte den futuristisch gestylten Dynamic – er besaß ein exakt mittig (!) platziertes Lenkrad – in zwei Motorversionen mit 2,9 bzw. mit 3,8 Liter Hubraum.

Peugeot 402 Eclipse

Schon 1925 lief im Stammwerk Sochaux der 100000ste Peugeot vom Band. 1931 erhielten Peugeot-Wagen als erste Serienwagen der Welt die so genannte Einzelradaufhängung, und ein paar Jahre später sorgte die Marke mit dem Löwen-

Hubraum/Zylinder: 1991 ccm/4 Zyl.
PS/kW: 55/40,3
Bauzeit: 1937–1939
Stückzahl: –

symbol wieder für Gesprächsstoff: Mit dem Typ 402 stellte man ein avantgardistisches Fahrzeug auf die Räder, das allein schon durch die Platzierung der Scheinwerfer hinter (!) der Kühlermaske auffiel. Eine unter dem Namen „Eclipse" auf den Markt gebrachte Ausführung war ihrer Zeit noch weiter voraus: Das faltbare Blechdach dieses Coupé-Cabriolets konnte (auf Wunsch elektrisch) komplett in den Kofferraum abgesenkt werden – eine raffinierte Technik, die den Wagen innerhalb weniger Augenblicke in ein vollkommen offenes Gefährt verwandelte.

Renault Nervastella

Renault legte von Anfang an Wert
darauf, seinen Kunden stets eine
mehr als reichhaltige Modellpalette
bieten zu können. Es war für ihn
selbstverständlich, neben preisgünstigen Vierzylindern auch Luxuswagen für die High Society zu
bauen – damit verfolgte er im Gegensatz zu Henry Ford, insbesondere aber zu seinem Konkurrenten André Citroën, eine vollkommen
andere Modellpolitik. Die achtzylindrigen Prestigewagen Nervastella
und Viva Grand Sport rundeten in den 30er Jahren das Angebot
nach oben ab – wer sich diese Modelle leisten konnte, besaß einen
Wagen, dem bei den damals beliebten Schönheitswettbewerben ein
vorderer Platz so gut wie sicher war. Im Kontrast zu diesem Luxus
stand am anderen Ende der Modellpalette der Juvaquatre – ein
modernes Massenprodukt mit selbsttragender Karosserie.

Hubraum/Zylinder:	4240 ccm/8 Zyl.
PS/kW:	110/80,5
Bauzeit:	1933–1936
Stückzahl:	–

Salmson S 4 E

Gegründet wurde die Société de
Moteurs Salmson bereits 1912. Das
Unternehmen, das sich hauptsächlich
mit dem Bau von Flugzeugmotoren
befasste, stellte 1921 ein Automobil
auf die Räder, das in der Kategorie
sogenannter leichter Cyclecars ran-

Hubraum/Zylinder: 2336 ccm / 4 Zyl.
PS/kW: 70 / 51,2
Bauzeit: 1938–1947
Stückzahl: –

gierte. Kurze Zeit später folgten bereits rassige Sportwagen mit
Doppelnockenwellenmotor. Dem Markt der 30er Jahre angemessen,
setzte Salmson auf dem Luxuswagenmarkt Akzente und präsentierte
elegante Zwei- und Viertürer, darunter zahlreiche Cabriolets. Billig
waren diese Autos nicht – viel Handarbeit und die Liebe zum Detail
ließen den Preis nach oben schnellen, doch es gab genügend Individualisten, die sich einen Salmson, beispielsweise einen S 4 E,
zulegten. Der S 4 E war auch der Wagen, der Salmson nach dem
Zweiten Weltkrieg ein kurzfristiges Comeback ermöglichte.

Alvis 12/60 HP

Bis Ende der 20er Jahre bestimmten
überwiegend kleinere Vierzylinder-
Wagen die Modellpalette des Hauses
Alvis. Sie waren unproblematischer
als viele andere Sportwagen und galten als modern. Neben einem Fronttriebler ergänzte Alvis 1928 das
Angebot noch durch hubraumstärkere Vierzylinder, die den Weg
zu einer Reihe interessanter Nachfolger weisen sollten. Eine dieser
Weiterentwicklungen war der 12/60 HP. Auf seinem Kühler thronte
eine Hasenfigur, weil sie die Schnelligkeit und Wendigkeit des
Wagens symbolisieren konnte. Die meisten der 12/60 HP wurden
mit Sportcabriolet-Karosserien bestückt, wobei die sogenannte
Beetle-Back-Karosserie mit zu den schönsten Aufbauten zählte:
Sie wirkte harmonisch und unterstrich wegen fehlender Trittbretter
die Sportlichkeit des Automobils.

Hubraum/Zylinder: 1645 ccm / 4 Zyl.
PS/kW: 50/36,6
Bauzeit: 1931–1932
Stückzahl: –

Aston Martin 1.5 Litre

Lionel Martin und Richard Bamford beschäftigten sich bereits 1908 mit dem Gedanken, irgendwann einen „richtigen" Sportwagen auf die Räder zu stellen. Anfangs bedienten sie sich für ihre Experimente der Fahrgestelle von Isotta-Fraschini, bis sie

Hubraum/Zylinder: 1493 ccm/4 Zyl.
PS/kW: 60/44
Bauzeit: 1934–1936
Stückzahl: –

1922 den Schritt in die Selbstständigkeit wagten und unter dem Markennamen Aston Martin ihre Vierzylinder-Wagen mit selbst konstruiertem Chassis auf den Markt brachten. Der Markenname entstand übrigens in Anlehnung an die Aston-Hill-Climb-Rennen, wo sie ihre ersten Siege einfuhren. Leider standen ihre hochwertigen Sportwagen nie im Einklang mit ihren kaufmännischen Grundlagen, weshalb das Unternehmen nach mehreren Krisen von dem Traktorenhersteller David Brown übernommen und saniert wurde.

Frazer Nash TT

🐛 **Archie Frazer-Nash begann** 1924 mit
dem Bau sportlicher Zweisitzer, die
als Besonderheit einen sogenannten
Chain drive, ein Kettengetriebe,
besaßen. Für die angemessene Motorisierung kamen diverse Aggregate
unterschiedlichster Hersteller zum

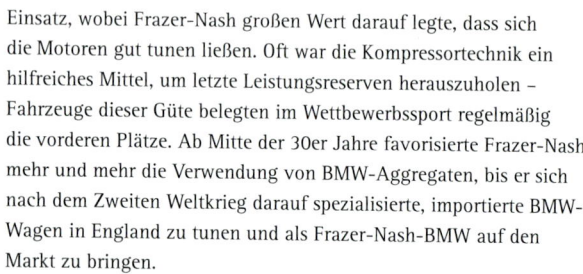

Hubraum/Zylinder: 1496 ccm/4 Zyl.
PS/kW: 62/45,4
Bauzeit: 1937
Stückzahl: –

Einsatz, wobei Frazer-Nash großen Wert darauf legte, dass sich
die Motoren gut tunen ließen. Oft war die Kompressortechnik ein
hilfreiches Mittel, um letzte Leistungsreserven herauszuholen –
Fahrzeuge dieser Güte belegten im Wettbewerbssport regelmäßig
die vorderen Plätze. Ab Mitte der 30er Jahre favorisierte Frazer-Nash
mehr und mehr die Verwendung von BMW-Aggregaten, bis er sich
nach dem Zweiten Weltkrieg darauf spezialisierte, importierte BMW-
Wagen in England zu tunen und als Frazer-Nash-BMW auf den
Markt zu bringen.

(Jaguar) SS 1-16 HP Coupé

Die Geschichte der Marke Jaguar
reicht bis ins Jahr 1922 zurück, als
William Lyons und William Walms-
ley in Blackpool die Swallow Sidecar
Company gründeten, in der sie sich
zunächst aber mit anderen Vehikeln
beschäftigten: Sie produzierten

Hubraum/Zylinder: 2054 ccm/6 Zyl.
PS/kW: 48/35,2
Bauzeit: 1931–1936
Stückzahl: 4230

Motorrad-Seitenwagen. Sechs Jahre später, mit dem Umzug zum
heutigen Sitz Coventry, begann der Aufstieg des Unternehmens
zum weltweit anerkannten Hersteller britischer Luxusautos. Als
erstes eigenes Produkt rollte 1931 der Sportwagen SS 1 aus den
Fabrikhallen. Schon zwei Jahre nach Serienbeginn profitierte der
SS 1 von einer Anhebung des Hubraums und einer Leistungssteigerung. 1935 präsentierte Lyons auf der Londoner Automobilausstellung eine Cabrio-Version des SS 1 und rundete die Modellpalette weiter nach oben hin ab.

(Jaguar) SS 1-20 HP Airline

William Lyons verwendete für seine frühen SS-Modelle ein Chassis des Zulieferers Standard, was den Vorteil hatte, die Produktionskosten auf einem relativ niedrigen Niveau zu halten. Da die Konstruktionsweise dieser Fahrgestelle für das ziemlich

Hubraum/Zylinder: 2552 ccm/6 Zyl.
PS/kW: 62/45,4
Bauzeit: 1933–1936
Stückzahl: 573

hochbeinige Aussehen der SS-Wagen verantwortlich war, modifizierte Lyons bald die Ausgangsbasis und entwickelte sein sogenanntes Underslung-Fahrgestell. Es kam bereits bei allen ab 1932 gebauten Modellen zum Einsatz und gab den Wagen eine wesentlich elegantere Note. Außerdem eignete es sich hervorragend für die Bestückung mit Sonderkarosserien. Neben Coupés, Tourern und Limousinen entstanden 1936 einige exklusive Airline-Coupés – dieser Aufbau schmückte auch das allerletzte SS-Chassis mit der Nummer 249 500.

Jaguar SS 100

Nachdem 1935 der Name „Jaguar" für alle Modelle eingeführt worden war, erschien ein Jahr später der legendäre zweisitzige Sportwagen Jaguar SS 100 mit einer für die damalige Zeit sensationellen Höchstgeschwindigkeit von 160 km/h. Er ist heute der gesuchteste

Hubraum/Zylinder:	2663 ccm/6 Zyl.
PS/kW:	102/74,7
Bauzeit:	1936–1939
Stückzahl:	ca. 310

aller Vorkriegs-Jaguar. Die erste, von 1936 bis 1939 gebaute Serie, wurde mit einem 2,6-Liter-Motor bestückt – das größere 3,5-Liter-Aggregat war ab 1938 zu haben. Dass die Typenbezeichnung auf SS 100 lautete, ist übrigens auf die Spitze von 100 Meilen pro Stunde (160 km/h) zurückzuführen. Die ursprüngliche Idee, dem generell nur als Rechtslenker gebauten Wagen eine flotte Coupé-Version an die Seite zu stellen, wurde leider verworfen – der 1938 gezeigte Prototyp konnte nicht den Geschmack des Publikums treffen.

Jaguar SS 3.5 Litre

Der **Modelljahrgang 1938** bescherte den Baumustern 2.5 Litre und 3.5 Litre jede Menge Verbesserungen, die nicht nur im technischen Bereich vollzogen wurden, sondern sich auch im Erscheinungsbild dieser Modelle niederschlugen. So wanderte das seitlich in der Kotflügelmulde platzierte Reserverad nun in den Kofferraum, wo es in einem Extrafach verstaut werden konnte. Zugunsten des Fahrkomforts und der Vergrößerung des Innenraums verlängerte man das Chassis um 110 mm und bestückte es mit leicht verbreiterten Karosserien. Außerdem musste der Hilfsrahmen aus Holz, der früher die Karosseriebeplankung abstützte, einer sicheren Ganzstahlbauweise weichen. Mit all diesen Verbesserungen aufgewertet, fiel es Jaguar nicht schwer, die Produktion dieser Baureihe nach dem Krieg fortzusetzen.

Hubraum/Zylinder:	3485 ccm/6 Zyl.
PS/kW:	125/91,6
Bauzeit:	1936–1940
Stückzahl:	ca. 1300

Lagonda Rapier Typ 10

Weil die Marktsituation der 30er
Jahre viele kleine Sportwagen mit
vier Zylindern verlangte, rundete
Lagonda 1933 das Programm auch
nach unten ab und präsentierte einen
handlichen, vom Konstrukteur Timo-
thy Ashcroft entwickelten Wagen,
den Rapier. Dem Prestige der Marke angemessen, durfte der Rapier
aber kein Billigprodukt werden. Er kostete deshalb mindestens
375 britische Pfund und war für eine anspruchsvolle und verwöhnte

Hubraum/Zylinder: 1086 ccm/4 Zyl.
PS/kW: 55/40,3
Bauzeit: 1934–1939
Stückzahl: ca. 470

Kundschaft gedacht,
die durchaus mit
einem kleinen vier-
zylindrigen Sport-
wagen liebäugelte,
aber etwas Aufregen-
deres erwartete als
einen schlichten MG,
Riley oder Singer. Der
Rapier wurde nur als
Chassis verkauft und
dementsprechend mit
Sonderkarosserien
bestückt, die sich von
der Optik her an den
größeren Modellen
orientierten.

MG Typ TA Midget

Im Gegensatz zu vielen anderen kleinen Sportwagen blieb der MG für seinen Besitzer ein finanziell recht überschaubares Vergnügen. MG-Wagen profitierten von zahlreichen Fremdkomponenten, die auch von anderen Automobilbauern genutzt

Hubraum/Zylinder:	1292 ccm/4 Zyl.
PS/kW:	52/38
Bauzeit:	1936–1939
Stückzahl:	ca. 3000

wurden und als Großserienprodukt entsprechend kostengünstig hergestellt werden konnten – fast jede Werkstatt konnte einen MG warten. MG verzichtete auch ganz bewusst auf eine eigene Karosseriebauabteilung, denn in der Firma Carbodies hatte man bald einen zuverlässigen Partner gefunden, der die Aufbauten zum Stückpreis von sechs britischen Pfund herstellte. Eine Luxuskarosserie konnte man dafür natürlich nicht erwarten. Sie war auch gar nicht gewünscht – der MG sollte ein Leichtgewicht und ein Fahrzeug mit möglichst geringem Benzinverbrauch sein.

MG Typ PB Midget

Als Antwort auf den beim Konkurrenten Singer erschienenen Typ
Le Mans lancierte MG für den Jahrgang 1935 das neue Modell PB. Der
PB hatte in die Fußstapfen seines
Vorgängers – dem etwa 2000-mal
verkauften PA – zu treten und ging

Hubraum/Zylinder: 939 ccm/4 Zyl.
PS/kW: 35/25,6
Bauzeit: 1934–1936
Stückzahl: ca. 530

als letzter klassischer „Nockenwellen-Midget" in die Firmengeschichte ein. Mehr Hubraum gegenüber dem PA, ein besser
ausgestattetes Armaturenbrett und ein Steinschlagschutz für den
Kühler waren nun die wesentlichsten Neuerungen. Während der
Singer schon eine hydraulische Bremsanlage besaß, blieb der PB
weiterhin mechanischen Seilzugbremsen treu. 1935 fiel bei MG
auch die Entscheidung, den Bau von Fahrzeugen rennsportlichen
Charakters zu reduzieren – Grund hierfür war die ständig zuneh-
mende Nachfrage nach Alltagsautomobilen.

MG Typ WA 2.6 Litre

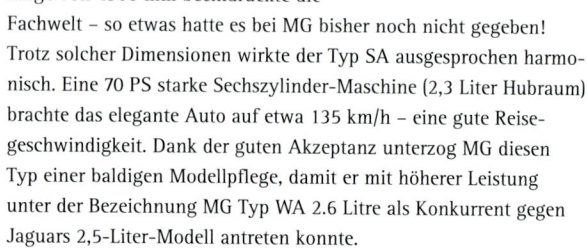

Auf dem Weg zu einer vollkommen anderen Fahrzeugklasse – die der bequemen Alltagswagen – debütierte im Hause MG 1936 ein Wagen mit dem ungewöhnlich langen Radstand von 3120 mm. Auch die Gesamtlänge von 4900 mm beeindruckte die Fachwelt – so etwas hatte es bei MG bisher noch nicht gegeben! Trotz solcher Dimensionen wirkte der Typ SA ausgesprochen harmonisch. Eine 70 PS starke Sechszylinder-Maschine (2,3 Liter Hubraum) brachte das elegante Auto auf etwa 135 km/h – eine gute Reisegeschwindigkeit. Dank der guten Akzeptanz unterzog MG diesen Typ einer baldigen Modellpflege, damit er mit höherer Leistung unter der Bezeichnung MG Typ WA 2.6 Litre als Konkurrent gegen Jaguars 2,5-Liter-Modell antreten konnte.

Hubraum/Zylinder: 2561 ccm/6 Zyl.
PS/kW: 96/70,3
Bauzeit: 1938–1939
Stückzahl: –

Morgan Super Sports

Dank der Verwendung immer stärkerer Motoren entwickelten sich Morgans Dreiräder bald zu recht sportlichen Gefährten, die auch im Wettbewerbssport ein Wort mitzureden hatten. Zahlreiche Siege förderten zusätzlich den Verkaufserfolg der

Hubraum/Zylinder:	1096 ccm/2 Zyl.
PS/kW:	40/29,3
Bauzeit:	1934–1937
Stückzahl:	–

Threewheeler, von denen bis Ende 1923 bereits 40000 Stück abgesetzt werden konnten. Ende der 20er Jahre spürte Morgan allerdings die immer stärker werdende Konkurrenz des kleinen Austin Seven. Um mithalten zu können, musste er der Modellpflege jetzt besonders viel Aufmerksamkeit widmen und stattete deshalb den Threewheeler mit Bremsen für alle drei Räder aus. Zusätzlich spendierte er ihm ein

richtiges Dreiganggetriebe nebst Rückwärtsgang und favorisierte den Typ Supersports, der mit einem kräftigen Zweizylinder der Marke Matchless bestückt wurde.

Morris Ten/6

Als Morris die Serienfertigung für den kleinen Typ Eight vorbereitete, schätzte man die Jahresproduktion zunächst auf etwa 35000 Einheiten. Dieser Wert musste ein halbes Jahr später bereits nach oben korrigiert werden, denn das Auto entwickelte sich vom Start weg zum absoluten Bestseller – 50000 Bestellungen lagen vor! Trotz dieses Erfolgs hatte der parallel dazu produzierte Typ Ten weiterhin seine Berechtigung: Er rundete die Modellpalette nach oben ab und bot Käufern, die keinen Kleinwagen suchten, eine interessante Alternative. Wer wollte, konnte den vierzylindrigen Typ Ten auch in einer Sechszylinder-Version ordern. In Kombination mit einer ansprechenden Roadster-Karosserie erhielt man so ein sportliches Wägelchen, das fast jedem Preisvergleich zu Mitbewerbern standhalten konnte.

Hubraum/Zylinder: 1378 ccm / 6 Zyl.
PS/kW: 38 / 27,8
Bauzeit: 1934–1935
Stückzahl: –

Riley Nine

Weil **William Riley** und seine vier Söhne fest an die Zukunft des Explosionsmotors glaubten, befassten sie sich bereits 1898 mit der Konstruktion fortschrittlicher Motorwagen. Diese frühen Modelle waren der Zeit weit voraus, denn an einem Riley konnte man als Besonderheit die Räder abnehmen. Wegen des dadurch bestehenden Patentschutzes mussten viele andere Hersteller ebenfalls ihre Räder von Riley beziehen, und man verstand es, immer wieder mit innovativer Technik für Gesprächsstoff zu sorgen. Beispielsweise 1927: Da debütierte der berühmte Riley Nine-Motor mit zwei obenliegenden Nockenwellen, schräg gestellten Ventilen und einem halbkugelförmigen Brennraum. Dieser Motor war für die damalige Zeit revolutionär und wurde vom Konzept her bis Mitte der 50er Jahre beibehalten.

Hubraum/Zylinder:	1087 ccm/4 Zyl.
PS/kW:	32/23,4
Bauzeit:	1927–1938
Stückzahl:	–

Riley 1.5 Litre

Schon vor dem Ersten Weltkrieg gelang es Riley, im Wettbewerbssport viele Spitzenpositionen zu belegen, was dazu beitrug, auf dem Markt bekannt und erfolgreich zu werden. Dieser Trend hielt in den 20er und 30er Jahren an und gab Riley Mut,

Hubraum/Zylinder:	1496 ccm/4 Zyl.
PS/kW:	48/35
Bauzeit:	1938–1939
Stückzahl:	–

permanent die Modellpalette zu erweitern. Neben den Enthusiasten, die extrem sportliche Fahrzeuge wünschten, bediente man aber auch die mehr auf Understatement eingestellte Kundschaft. Für sie hielten die Händler grandiose Limousinen und elegante Cabriolets bereit – zumindest bis 1938. In jenem Jahr wurde Riley in die Morris-Gruppe integriert, was eine Straffung der Modellpalette zur Folge hatte. Nach dem Zweiten Weltkrieg führte Riley die Markentradition zwar fort, doch um neue Modelle entwickeln zu können, musste zunächst der devisenbringende Exportmarkt forciert werden.

Rolls-Royce Phantom II

Die beeindruckenden Phantom II-Modelle zählten zu den letzten Sechszylinder-Wagen der Marke, deren Entwicklung von Anfang an durch F. Henry Royce überwacht wurde. Er überprüfte jeden Entwurf und jede Idee bis ins letzte Detail, bevor er Entscheidungen zustimmte. Mit dem Silver Ghost verglichen, entwickelte Rolls-Royce zum Ausklang der 20er Jahre hier ein vollkommen modernes Design, das aber in Verbindung mit fortschrittlichen Fertigungstechniken die Tradition und den Anspruch der Nobelmarke fortführte. Als die ersten Wagen 1929 vorgestellt wurden, fiel den Testern sofort auf, dass Motor und Getriebe nun zu einer Einheit verblockt waren. Auch das ursprünglich vom Silver Ghost geerbte Fahrgestell musste einer Neukonstruktion weichen – nur so ließ sich der Fahrkomfort steigern.

Hubraum/Zylinder: 7668 ccm/6 Zyl.
PS/kW: keine Leistungsangaben
Bauzeit: 1929–1936
Stückzahl: 1402

Singer 9 HP Le Mans

Zu den interessantesten Automobilen, die Singer entwickelt hat, gehörte 1932 natürlich der Typ Singer Nine. Unter seiner Motorhaube arbeitete ein 1-Liter-Aggregat mit obenliegender Nockenwelle, das sich hervorragend zum Tunen eignete. Das Potenzial, das in der kleinen Maschine steckte, reichte aus, um erfolgreich im Wettbewerbssport mitzumischen. Auch bei den 24 Stunden von Le Mans war der Singer Nine kein Unbekannter, doch dort war es ihm nicht vergönnt, vordere Plätze zu belegen. Das hielt das Werk aber nicht davon ab, den Typ Nine ab 1935 unter der neuen Modellbezeichnung Singer Le Mans auf den Markt zu bringen. Für 225 britische Pfund stand er in den Showrooms der Händler – damit war er günstiger als die Konkurrenz aus dem Hause MG.

Hubraum/Zylinder: 972 ccm/4 Zyl.
PS/kW: 39/28,6
Bauzeit: 1935–1937
Stückzahl: –

Alfa Romeo 6C 2300 MM

Dass Alfa Romeos 6C-Modelle zu den Sportwagen zählten, die schnell Weltruhm erlangten, ist unter anderem dem Engagement Enzo Ferraris zu verdanken. Er leitete von 1929 bis 1939 die werkseigene Rennabteilung, und von den Siegen, die der Rennstall einfuhr, profitierten auch die Straßenversionen. Unter Beibehaltung sportlicher Eigenschaften entwickelte man 1934 für Privatfahrer den neuen 6C 2300. Dieser Wagen wurde in den Versionen Turismo, Gran Turismo und Pescara gebaut und mit einem Sechszylinder bestückt. Außerdem erhielt das Modell eine moderne Einscheiben-Trockenkupplung und ein Getriebe, dessen dritter und vierter Gang synchronisiert waren. Im Zuge der Modellpflege profitierte der 6C 2300 ab 1935 von der vorderen und hinteren Einzelradaufhängung.

Hubraum/Zylinder:	2309 ccm/6 Zyl.
PS/kW:	95/70
Bauzeit:	1935–1939
Stückzahl:	–

Fiat 508 S Balilla Sport

Im Januar 1933 debütierte der 508 S Balilla Sport. Dieser zweisitzige Spider wartete nicht nur mit einer äußerst ansprechenden Form aus der Hand von Karossier Ghia auf, sondern sein Vierzylinder-Reihentriebwerk leistete auch wesentlich mehr PS. Das garantierte sportliches Fahr-

Hubraum/Zylinder:	995 ccm/4 Zyl.
PS/kW:	36/26,3
Bauzeit:	1933–1936
Stückzahl:	113 145 (gesamte Baureihe)

vergnügen und reichte bei 600 kg Leergewicht für eine Höchstgeschwindigkeit von 110 km/h. Eine umlegbare Windschutzscheibe sorgte an heißen Sommertagen für eine erfrischende Brise. Für das Modelljahr 1934/35 wurde das Triebwerk von stehenden auf hängende Ventile umgerüstet und profitierte von sechs zusätzlichen PS, die bei 4400 U/min erreicht wurde – genug für eine Spitze von 115 km/h. 1934 wurde auch die zweite Serie des Fiat Balilla mit größerem Radstand (2300 mm) aufgelegt, außerdem erhielt der Wagen ein Vierganggetriebe mit synchronisiertem dritten und vierten Gang.

Fiat 500 A

Die Geschichte der Fiat-Kleinwagen
begann 1933, als der Ingenieur
Dante Giacosa den Auftrag zur
Konstruktion eines Autos annahm,
dessen Preis von 5000 Lire die
eigentliche Sensation sein sollte.
Nach nur einjähriger Entwicklungs-
zeit wurde der Prototyp namens Zero A getestet und konnte in Serie
gehen. Zwischenzeitlich entstand bei Fiat ein fünfgeschossiges
Fabrikgebäude (mit Teststrecke auf dem Dach!), in dem 1936 die
Serienproduktion des ersten Fiat 500 anlaufen sollte. Der kleine
Wagen basierte auf einem Chassis mit X-Traverse und erhielt einzeln
aufgehängte Vorderräder. Der Hubraumgröße entsprechend taufte
Fiat das neue Modell Typ 500, doch der Volksmund nannte den auf
Anhieb begeisternden Wagen bald „Topolino" – das Mäuschen.

Hubraum/Zylinder: 569 ccm / 4 Zyl.
PS/kW: 13/9,5
Bauzeit: 1936–1948
Stückzahl: ca. 122000

Lancia Aprilia

Von der Idee des Fortschritts beseelt, forcierte Lancia 1934 die Entwicklung eines besonders innovativen Autos namens Aprilia. Er erteilte seinen Mitarbeitern präzise Konstruktionsanweisungen – unter anderem: Länge weniger als 4000 mm, Innen-

Hubraum/Zylinder:	1351 ccm/4 Zyl.
PS/kW:	48/35,1
Bauzeit:	1937–1949
Stückzahl:	–

raum für fünf Personen, Gewicht unter 900 kg, windschnittige Karosserie! Das Design mit dem stark abgesenkten Heck setzte erstmals neue Maßstäbe auf dem Gebiet der Aerodynamik. Mit einem Luftwiderstandsbeiwert von 0,47 war der Aprilia vielen anderen Wagen weit voraus, denn der Durchschnittswert lag damals bei 0,60. Die Verwendung dünner Bleche (unter anderem Aluminium) reduzierte zudem das Gesamtgewicht und machte den Aprilia in Bezug auf Benzinverbrauch zu einem der sparsamsten Wagen seiner Zeit.

Skoda 420

Die Weltwirtschaftskrise erreichte zwar mit Verspätung die Tschechoslowakei, aber dafür nicht weniger heftig. Die Jahre 1932 bis 1934 gehörten zu den schlimmsten der Automobilindustrie, und neben Skoda hatten auch Praga, Tatra,

Hubraum/Zylinder: 995 ccm/4 Zyl.
PS/kW: 20/14,7
Bauzeit: 1933–1936
Stückzahl: –

Aero, Walter und Wikov mit Absatzschwierigkeiten zu kämpfen. Anfang 1930 wurde in der Tschechoslowakei erst der 42000ste Pkw zugelassen – kleine Wagen wie der ein paar Jahre später erschienene Skoda 420 zählten zum Luxus! So desolat die Lage auch war, Skoda fuhr mit dem Typ 420 (die Bezeichnung stand für vier Zylinder und 20 PS) in die richtige Richtung: In immer kürzeren Intervallen wurde der Wagen zu mehr Perfektion gebracht, bis er schließlich einen anderen Namen bekam und unter der neuen Modellbezeichnung Popular die Konkurrenz überholte.

Tatra 87

Der begabte Ingenieur Hans Ledwinka
konstruierte 1923 einen außergewöhnlichen Alltagswagen, der mit
mutigen und unkonventionellen
technischen Lösungen für viel Aufmerksamkeit sorgte. Dieses Modell
– Tatra 11 – war so erfolgreich, dass

Hubraum/Zylinder: 2967 ccm/8 Zyl.
PS/kW: 75/55
Bauzeit: 1937–1939
Stückzahl: –

auch zukünftige Wagen von diesem charakteristischen Layout
mit Zentralrohrrahmen, Schwingachsen und Einzelradaufhängung
profitieren sollten. Als weiterer Meilenstein stellte Ledwinka 1934
den Tatra 77 auf die Räder. Die nach dem Prinzip der Stromlinie
gebaute Limousine erreichte mit einem luftgekühlten V8-Motor im
Heck eine Höchstgeschwindigkeit von 140 km/h. Nach dem Krieg
wurde Tatra verstaatlicht, aber man brachte stets Weiterentwicklungen auf den Markt, die sich an den frühen Konzepten orientierten.

Auburn 12-160 V12

Charles Eckhart, Gründer der Eckhart Carriage Company, baute jahrelang Kutschen, bevor er 1900 auf die Idee kam, sich mit Automobilen zu beschäftigen. Da das Geschäft mit den Motorwagen mehr schlecht als recht lief, übernahm Errett Lobban

Hubraum/Zylinder:	6415 ccm/12 Zyl.
PS/kW:	160/117,2
Bauzeit:	1932–1936
Stückzahl:	–

Cord 1919 das Unternehmen, sanierte den Betrieb und begann, unter dem Markennamen Auburn Luxusautomobile in den Hallen herzustellen. Zur Krönung seiner Modellpalette präsentierte Cord 1932 einen V12-Zylinder, der mit einem Dumpingpreis von nur 1500 Dollar der Konkurrenz das Fürchten lehren sollte. Cord hatte sich geirrt: Kaum jemand wollte den Wagen haben. Käufer solcher Modelle waren es gewohnt, woanders mehr als das Zehnfache zu zahlen, und stempelten die durchaus hochwertigen Automobile als Billigmarke ab.

Auburn 851 SC

Ein ganz besonderes Highlight unter den Auburn-Automobilen, die ihren Markennamen nach der Stadt Auburn im US-Bundesstaat Indiana erhielten, war der mit einem Kompressormotor bestückte Typ 851 SC. Das seitengesteuerte Aggregat mit

Hubraum/Zylinder: 4590 ccm/8 Zyl.
PS/kW: 115 bis 148/84 bis 109
Bauzeit: 1934–1936
Stückzahl: –

einem Zylinderkopf aus Aluminium verhalf dem Wagen bei zugeschaltetem Kompressor auf eine Höchstgeschwindigkeit von 160 km/h. Dank des großen Hubraums und des enormen Drehmoments reichte ein Dreiganggetriebe zur Kraftübertragung vollkommen aus. 1936 musste nach dem von Cord zu verantwortenden finanziellen Missmanagement die Produktion der Auburn-Wagen eingestellt werden. Auch die Marken Cord und Duesenberg – beides Ableger von E. L. Cords Imperium – verschwanden von der Bildfläche.

Buick Century

Nachdem sich Buick von den Aus-
wirkungen der Ende der 20er Jahre
einsetzenden Wirtschaftskrise erholt
hatte, eröffnete man das nächste
Jahrzehnt mit einem Motorenkon-
zept der neuesten Generation, denn
die alten Sechszylinder hatten ausge-

Hubraum/Zylinder:	3768 ccm/8 Zyl.
PS/kW:	95/70
Bauzeit:	1936
Stückzahl:	–

dient und wurden durch noch laufruhigere Achtzylinder ersetzt.
Diese Aggregate ermöglichten es, bequeme Reisewagen auf die
Räder zu stellen. Zusätzlich profitierte die Optik der neuen Fahr-
zeuggeneration vom sogenannten Streamline-Look, dessen
Linienführung durch die Verwendung von Chrom-Zierrat dezent
unterstrichen wurde. Weil dank des großen Hubraums reichlich
Drehmoment zur Verfügung stand, wurden die Wagen mit einem
Dreiganggetriebe bestückt. Das war ausreichend – die zweite Gang-
stufe ließ sich bis 85 km/h nutzen.

Buick Y-Job

Entgegen der weitläufigen Meinung, amerikanische Concept-Cars gäbe es erst seit den 50er Jahren, entwickelte Buick mit dem Y-Job bereits 1937 einen Versuchsträger, den man als das erste Projekt-Car der Welt bezeichnen darf. Die Idee, diesen auf einem Buick-Roadmaster-Fahrgestell basierenden Giganten zu bauen, stammte von Harley Earl, einem begnadeten Designer, der 1920 schon Sonderkarosserien für Filmstars entworfen hatte. Der Name Y-Job wurde gewählt, weil viele andere Autobauer ihre Projektstudien „X" nannten. Abgesehen davon, dass es sich bei dem monströsen Wagen „nur" um ein zweisitziges Cabrio handelte, besaß der Y-Job viele Extras wie Klappscheinwerfer, elektrische Fensterheber, versenkte Türgriffe und ein Verdeck, das unter einer Klappe im Heck verborgen werden konnte.

Hubraum/Zylinder:	5200 ccm/8 Zyl.
PS/kW:	141/103,2
Bauzeit:	1937–1938
Stückzahl:	Einzelstück

Cadillac Serie 90 – V 16

In einer Zeit, in der sich nur wenige
ein extrem hochkarätiges Automobil
leisten konnten, stellte Cadillac
seinen von Haus aus schon groß-
volumigen Achtzylinder-Modellen
eine noch stärkere Alternative mit
16 Zylindern an die Seite. Fahrzeug-

Hubraum/Zylinder: 7063 ccm / 16 Zyl.
PS/kW: 185/135,5
Bauzeit: 1930–1938
Stückzahl: 3250

typen dieser aufwendig gefertigten Klasse ließen sich zwar an zehn
Fingern abzählen, doch die Hersteller versprachen sich von diesen
Wagen sehr viel – vor allem jede Menge Imagegewinn. Cadillacs
Sechzehnzylinder, der 1930 als Typ 90 sein Debüt feierte, blieb acht
Jahre lang im Programm. In dieser Zeit konnte man sich über 3250
abgeschlossene Kaufverträge freuen, und auch das nächst „kleinere"
Modell, der Zwölfzylinder, lief nicht schlecht – diese Sparausgabe
rollte sogar 5725-mal aus den Ausstellungsräumen der Händler.

Chrysler Imperial Typ CL

🐌 **Besser als mit dem Titel** seiner 1937 erstmals gedruckten Autobiografie lässt sich Walter P. Chryslers Leben kaum beschreiben: „The Life of an American Workman" – „Das Leben eines amerikanischen Handwerkers". Walter P. Chrysler sah sich in erster

Hubraum/Zylinder: 6306 ccm/8 Zyl.
PS/kW: 135/99
Bauzeit: 1931–1933
Stückzahl: –

Linie als technisch interessierten Menschen, den die Funktion der Mechanik faszinierte. Fleiß, Selbstdisziplin und eine profunde Ausbildung waren die Grundlage seiner Ausnahme-Karriere, die oft in das Klischee „Vom Tellerwäscher zum Millionär" eingeordnet wurde. Doch dieses Klischee traf bei Chrysler nicht zu: Er absolvierte nach Abschluss der Highschool eine vierjährige Lehrzeit, um danach bei verschiedenen Eisenbahngesellschaften zu arbeiten – schon 1908 arbeitete Walter P. Chrysler als Spitzenmanager in einer Position, die dem 33-Jährigen 350 Dollar im Monat einbrachte.

Cord 812

Genauso wie der erste Cord (Typ L 29) der späten 20er Jahre, sorgte 1936 auch das avantgardistische Nachfolgemodell (Typ 810) in der Automobilszene für jede Menge Diskussionsstoff. Das Fahrgestell des 810 – es hatte 3157 mm Radstand – trug

Hubraum/Zylinder:	4730 ccm/8 Zyl.
PS/kW:	175/128
Bauzeit:	1937
Stückzahl:	2320 (alle Modelle)

wieder eine über 5000 mm lange Karosserie, deren besonderes Designelement eine stark gerippte Kühlerfront war. Gegenüber dem L 29 wurde der 810 nicht von einem Reihenmotor, sondern von einem 125 PS starken V8-Zylinder mobilisiert. Eine 1937 gefertigte Kompressorversion – sie nannte sich Typ 812 – verhalf dem wuchtigen Cord zu noch höheren Fahrleistungen. Zu den besonderen Merkmalen der 810/812-Modelle zählte neben den Schlafaugen-Scheinwerfern auch das elektromagnetische Getriebe, das wie eine Art Halbautomatik funktionierte.

Duesenberg J

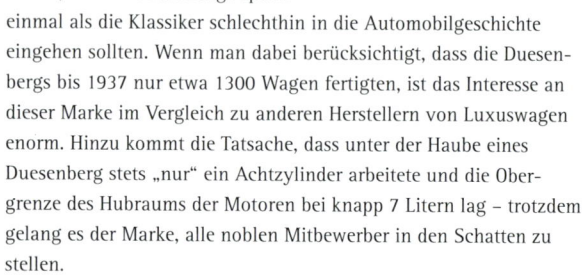

Hubraum/Zylinder: 6882 ccm/8 Zyl.
PS/kW: 210/154
Bauzeit: 1928–1937
Stückzahl: ca. 480

1919 begannen die Gebrüder Fred und August Duesenberg – Nachkommen deutscher Emigranten – im amerikanischen Bundesstaat Indiana erstmals Automobile zu bauen. Niemand konnte zu diesem Zeitpunkt ahnen, dass ihre Fahrzeuge später einmal als die Klassiker schlechthin in die Automobilgeschichte eingehen sollten. Wenn man dabei berücksichtigt, dass die Duesenbergs bis 1937 nur etwa 1300 Wagen fertigten, ist das Interesse an dieser Marke im Vergleich zu anderen Herstellern von Luxuswagen enorm. Hinzu kommt die Tatsache, dass unter der Haube eines Duesenberg stets „nur" ein Achtzylinder arbeitete und die Obergrenze des Hubraums der Motoren bei knapp 7 Litern lag – trotzdem gelang es der Marke, alle noblen Mitbewerber in den Schatten zu stellen.

Essex Super Six

Schon 1918 führte die Hudson Motor
Car Company einen Wagen im Programm, der unter dem selbstständi-
gen Markennamen Essex gehandelt
wurde. Ein Essex war genau genommen nichts anderes als ein von der
Ausstattung her zurückgesetzter
Hudson, doch man hütete sich, an der Qualität Abstriche zu
machen – es wurde lediglich der Preis reduziert. Auch eine
Sechszylinder-Version, der Typ Super Six, profitierte von dieser
Geschäftspolitik. Er entwickelte sich schnell zum Bestseller, obwohl
Spötter den Super Six als den Hudson des kleinen Mannes bezeich-
neten. Das schien Essex-Besitzer kaum zu stören – sie gehörten
nämlich zur mehr konservativ eingestellten Kundschaft, bei der
nicht der Luxus eines Hudson, sondern die Wirtschaftlichkeit
des Automobils im Vordergrund stand.

Hubraum/Zylinder:	2584 ccm/6 Zyl.
PS/kW:	45/33
Bauzeit:	1929–1934
Stückzahl:	–

Lincoln Zephyr

Persönlichkeiten wie die amerikanischen Präsidenten zählten schon in den 20er Jahren zur noblen Kundschaft, die es bevorzugte, in einem Lincoln chauffiert zu werden. Dementsprechend warb die unter der Regie des Ford-Konzerns geführte

Hubraum/Zylinder:	4379 ccm / 12 Zyl.
PS/kW:	110/80,5
Bauzeit:	1936–1942
Stückzahl:	–

Edelmarke nicht nur in den Staaten gern mit dem Slogan „Lord of the Road" (Herr der Straße). Lincoln-Wagen zählten auch in anderen Ländern der Welt zu beliebten Prestigeobjekten – vor allem bei nordischen Königshäusern und in der Sowjetunion. In der reichhaltigen Modellpalette besaßen die großen V12-Versionen einen besonders hohen Stellenwert. Um den Absatz dieser Wagen weiter anzukurbeln, brachte man 1936 mit dem Typ Zephyr ein von der Preisgestaltung her besonders interessantes Modell auf den Markt – dieser V12 war für 1300 Dollar zu haben.

Mercury Serie 99 Convertible

Nur wenige Menschen haben in der
Automobilgeschichte eine derart
wichtige Rolle gespielt wie Henry
Ford. Er machte das Automobil der
großen Masse zugänglich, doch ohne
die Hilfe seines Sohns Edsel hätte die
Konzerngeschichte vielleicht einen
anderen Lauf genommen. Edsel machte seinem Vater klar, dass
in der großen Produktpalette der späten 30er Jahre trotzdem ein
Zwischenmodell fehlte, das die Lücke vom günstigsten Ford für
780 Dollar und dem teuersten Wagen für 1300 Dollar schließen
sollte. Edsel konnte überzeugen, und dank seiner Unterstützung
präsentierten die Ford-Händler im September 1938 die neue Marke
Mercury. Zugegeben – der Wagen sah einem Ford sehr ähnlich,
auch wenn er etwas breiter und länger war.

Hubraum/Zylinder:	3900 ccm/8 Zyl.
PS/kW:	95/70
Bauzeit:	1938–1940
Stückzahl:	–

1940–1960

Vom Kleinwagen bis hin
zum Hubraumriesen

Auto Union 1000 S Coupé

🚗 **Aus Mangel an Kapital** hatte die
Auto Union die bereits geplante
Fertigung des neuen DKW Junior
vorerst zurückgestellt, um weiterhin
die größeren Modelle Auto Union
1000, 1000 S und 1000 Sp verkaufen
zu können. Bis auf den 1000 Sp han-

Hubraum/Zylinder: 980 ccm/3 Zyl.	
PS/kW: 50/36,6	
Bauzeit: 1958–1963	
Stückzahl: –	

delte es sich um Fahrzeuge, die dem Baumuster „Großer DKW 3=6"
entsprachen – allerdings wurden sie von einem auf 980 ccm vergrößerten Motor angetrieben. In der Version 1000 gab der Dreizylinder-
Zweitakter eine Leistung von 44 PS ab, dem 1000 S Coupé standen
durchzugsstärkere 50 PS zur Verfügung. Typisch für diesen Wagen
war der von Daimler-Benz übernommene Balkentachometer mit
senkrechter Skalierung. Von der Optik her wurde der 1000 und
1000 S durch eine vordere Panoramascheibe aufgewertet, was
genau dem Zeitgeschmack entsprach.

Auto Union 1000 Sp Coupé

Neben der Version als Cabriolet brachte die Auto Union den eleganten 1000 Sp auch als Coupé auf den Markt – technisch waren beide Versionen vom Konzept her identisch. Der Aufbau ruhte auf einer kreuzverstrebten Stahlrahmenkonstruktion aus stabilem Kastenprofil, und unter der Haube werkelte bei beiden Modellen der drehzahlfeste Zweitaktmotor. Der 1000 Sp zählte damals zu den wenigen Automobilen, die bereits ab Werk mit vielen serienmäßigen Extras ausgestattet wurden. Dazu gehörten Liegesitze mit einer stufenlos verstellbaren Rückenlehne, ausstellbare Seitenfenster, gut gepolsterte Sonnenblenden und ein Zigarettenanzünder – Mitbewerber ließen sich diese Annehmlichkeiten oft teuer bezahlen.

Hubraum/Zylinder: 980 ccm/3 Zyl.
PS/kW: 55/40,2
Bauzeit: 1958–1965
Stückzahl: 5000

BMW 501

Nicht nur die luxuriöse Innenausstattung machte den 501 so beliebt – es
gab auch jede Menge Neuerungen
technischer Natur. Beispielsweise
den sogenannten Vollschutzrahmen,
der den Insassen Sicherheit in voller
Breite versprach. Auch das Vier-

Hubraum/Zylinder: 1971 ccm/6 Zyl.
PS/kW: 72/52,7
Bauzeit: 1954–1955
Stückzahl: ca. 8900

ganggetriebe wurde nicht, wie allgemein üblich, direkt an den Motor
angeblockt, sondern stark geneigt unterhalb der Vordersitze platziert
und mittels einer kurzen Zwischenwelle angetrieben. Bei der Motorisierung griff BMW auf ein bewährtes Vorkriegsaggregat vom Typ
326 zurück, modifizierte aber den Zylinderkopf und brachte so dank
höherer Verdichtung und größerem Ventilhub die Maschine auf
mehr Leistung. Das Resultat war ein seidenweich laufender Sechszylinder, der im Zuge der Modellpflege immer weiter optimiert wurde.

BMW Isetta 250

Die Luxuswagen, die BMW ab 1952 zuerst fertigte, waren zwar für die „Crème der Gesellschaft" interessant, doch dem bayerischen Automobilbauer wurde klar, dass – um selbst überleben zu können – ein preisgünstiges und in hohen Stückzahlen verkaufbares Fahrzeug ins Programm aufgenommen werden musste. Um kein Kapital in kostenintensive Neuentwicklungen investieren zu müssen, hielt BMW nach einem Konzept Ausschau, das man in Lizenz bauen könnte. Dabei fiel der Blick auf ein eiförmiges Vehikel der in Bresso bei Mailand ansässigen Firma ISO. Nach genauer Prüfung wurde die originale Isetta als tauglich befunden und der Lizenzvertrag kam zustande – was letztendlich die Rettung für BMW bedeutete. Am 5. April 1955 wurde die neue BMW Isetta in Rottach-Egern der Presse vorgestellt.

Hubraum/Zylinder: 245 ccm/1 Zyl.
PS/kW: 12/8,8
Bauzeit: 1955–1962
Stückzahl: ca. 161 360

BMW 600

Dem Trend nach anspruchsvolleren
Kleinwagen folgend, entwickelte
BMW für 1957 ein (fast) völlig neues
Fahrzeug der 600er-Klasse. Als Konkurrent zu Lloyd und NSU-Modellen
gedacht, war die Preisklasse vorge-
geben, und um Entwicklungskosten

Hubraum/Zylinder: 582 ccm/2 Zyl.
PS/kW: 19,5/14,3
Bauzeit: 1957–1959
Stückzahl: 34318

zu sparen, setzte man die Verwendung vieler Isetta-Komponenten
voraus. Der BMW 600 basierte auf einem verlängerten Rohrrahmen
der Isetta und wurde mit einer Schräglenker-Hinterachse bestückt,
deren Spurweite (1160 mm) gegenüber der Vorderachse (1220 mm)
etwas verkürzt wurde. Den Antrieb besorgte ein 582 ccm großer im
Heck platzierter Boxermotor. Das auch im Motorradbau genutzte
Aggregat wurde in der Leistung von ursprünglich 28 PS auf 19,5 PS
gedrosselt – so konnte man geschickt die günstige Versicherungsklasse bis 20 PS ausnutzen.

BMW 507

Nach einem sehr bescheidenen Neu-
beginn 1948 als Fahrzeughersteller
hatte BMW zur Überraschung der
Fachpresse bereits 1951 wieder einen
großen Luxuswagen präsentiert. Der
teilweise auf Vorkriegstechnik basie-
rende 501 hatte die Marke wieder ins

Hubraum/Zylinder: 3168 ccm/8 Zyl.
PS/kW: 150/110
Bauzeit: 1955–1959
Stückzahl: 254

Rampenlicht der autobegeisterten Welt gerückt. Auch ein noch
exklusiver angesiedeltes Modell mit V8-Motor, der Typ 502, konnte
in vielen Varianten ab 1954 die Käufer beeindrucken. Auf Anraten
des amerikanischen BMW-Importeurs befasste man sich ab 1954
intensiv mit der Konstruktion sportlicher Versionen des Typs 502,
die hauptsächlich für die verwöhnte Klientel aus Übersee gedacht
waren. All diese Entwürfe entstanden am Zeichenbrett des Designers
Albrecht Graf Goertz, einem ehemaligen Schüler des Design-Papstes
Raymond Loewy.

Borgward Isabella Coupé

Mit dem Isabella Coupé setzte Borgward in einer Automobilklasse, die vom Nutzen her eigentlich nur ein reiner Zweisitzer war, vollkommen neue Maßstäbe: Wie bei der Limousine auch, führte man die Karosserie in selbsttragender Bauweise aus und schweißte zusätzliche Profile ein. Auch motortechnisch ging man mit der Zeit. Die fortschrittliche Konstruktion des Vierzylinders wurde mit der gesamten vorderen Radaufhängung zu einem Fahrschemel zusammengefasst, der, wie auch die komplette Hinterachse, nach dem Lösen weniger Verschraubungen schnell zu demontieren war. Die Reichhaltigkeit der serienmäßigen Ausstattung war ein weiterer Vorzug dieses Automobils: Zeituhr und Kühlerthermometer zählten ebenso zum Standard wie hintere Ausstellfenster, und beim Coupé überzeugte vor allem der 75 PS starke Motor.

Hubraum/Zylinder: 1493 ccm / 4 Zyl.
PS/kW: 75 / 54,9
Bauzeit: 1957–1961
Stückzahl: –

DKW 3=6

Mit der Modellbezeichnung 3=6 wollte DKW zum Ausdruck bringen, dass man es geschafft hatte, einen Dreizylindermotor zu entwickeln, der von der Laufruhe her durchaus mit einem Sechszylinder zu vergleichen war. Ganz so kultiviert gab sich das Aggregat natürlich nicht: Es arbeitete nach dem Zweitaktprinzip, und bei jedem Tankvorgang musste gleichzeitig das Öl für die Motorschmierung hinzugefügt werden. Dieser Handgriff erübrigte sich später mit der Einführung der sogenannten Frischölautomatik – hier wurde das Verhältnis Benzin/Öl automatisch über einen Öl-vorratsbehälter dosiert. Der DKW 3=6 (intern nannte man ihn Typ F 93/94) entsprach mit amerikanisch angehauchten Stilelementen wie den Panoramascheiben zwar noch dem Zeitgeschmack, doch schon lange bevor die letzten Wagen gefertigt wurden, arbeitete man an einem modern gestylten Nachfolger.

Hubraum/Zylinder: 896 ccm/3 Zyl.
PS/kW: 40/29,3
Bauzeit: 1955–1959
Stückzahl: 157 331

DKW F 12 Roadster

Der offene DKW F 12, den das Werk als Roadster bezeichnete, wurde beim Karosseriespezialisten Baur in Stuttgart gefertigt und konnte ab 1964 zum Einstiegspreis von 7200 Mark geordert werden. Ein teures Vergnügen, wenn man bedenkt, dass dieses

Hubraum/Zylinder:	889 ccm/3 Zyl.
PS/kW:	45/33
Bauzeit:	1964–1965
Stückzahl:	6640

Modell nach wie vor von einem Zweitaktmotor angetrieben wurde. Immerhin spürten die Händler eine langsam wachsende Abneigung gegen dieses Konzept, und F 12-Besitzer konnten kaum auf einen guten Wiederverkaufswert ihrer Wagen hoffen. DKW stellte die Produktion aller F 12-Modelle 1965 ein. Zwar brachte man zwischenzeitlich noch den Typ F 102 in veränderter Optik und mit selbsttragender Karosserie auf den Markt, doch vom Prinzip des Zweitaktmotors wollten sich die Konstrukteure immer noch nicht trennen.

Ford Taunus 12 M

Erst 1952 brachten die deutschen Ford-Werke mit der Präsentation des neuen Taunus 12 M frischen Wind in ihre veraltete Modellpalette. Die Ziffer 12 in der Typenbezeichnung wies hierbei auf die Größe des Hubraums hin, der bei 1,2 Litern lag. Der Buchstabe M bedeutete soviel wie Meisterstück. In einem detaillierten Verkaufsprospekt ließen sich alle Vorzüge dieses Meisterstücks nachlesen – Ford hielt es anscheinend für wichtig, in dem Druckwerk auf nicht weniger als 79 Vorzüge einzugehen! Dazu gab es wunderbare technische Illustrationen, denn man wollte den Kaufinteressenten unmissverständlich mitteilen, dass dieser Taunus mit seinem Vorgänger überhaupt keine Gemeinsamkeiten mehr hatte.

Hubraum/Zylinder: 1172 ccm/4 Zyl.
PS/kW: 38/27,8
Bauzeit: 1952–1958
Stückzahl: ca. 430000

Fuldamobil N 2

Gegenüber den rundlichen Fulda-
mobil-Versionen fiel das Modell N 2
mit seiner leicht kantigen Alumini-
umblechkarosserie etwas aus dem
Rahmen. Grund dafür war eine
Unterkonstruktion aus Holz, die die
Beplankung trug. Trotz zahlreicher

Hubraum/Zylinder: 191 ccm/1 Zyl.
PS/kW: 10/7,3
Bauzeit: 1955–1961
Stückzahl: ca. 3000 (alle Modelle)

Exportversuche blieb das Fuldamobil zu Beginn seiner Karriere
eine rein deutsche Angelegenheit – die Namenswahl des Winzlings
verriet übrigens den Ort, wo er gebaut wurde: in Fulda, bei der
Elektromaschinenbau Fulda GmbH. Erst als sich 1958 der englische
Geschäftsmann York Nobel für den Dreiradwagen interessierte,
bekam das Fuldamobil internationalen Charakter. Nobel ließ das
Auto unter seinem Namen bis 1961 beim Flugzeugbauer Bristol
fertigen und brachte es sogar als Bausatz auf den Markt!

Glas Goggomobil T 250

Von den zahlreichen Kleinwagen, die
zu Beginn der deutschen Wirtschafts-
wunderzeit das Straßenbild prägten,
gelang es nur wenigen Modellen, sich
fest und dauerhaft zu etablieren.
Ursprünglich sollte das erfolgreiche
Goggomobil als Fronttür-Fahrzeug
(ähnlich der BMW Isetta) mit Rolldach bescheidenen Ansprüchen
gerecht werden, doch sein Konstrukteur, Hans Glas, erkannte, dass
man automobilhungrigen Käufern mehr als eine Notlösung auf
Rädern bieten musste. Er revidierte seine Pläne und brachte 1955 das
Goggomobil als einen vollwertigen Kleinwagen, der wie ein richtiges
Auto aussah, auf den Markt. Trotz kleiner Dimensionen attestierte
man dem Goggomobil volle Verkehrstauglichkeit.

Hubraum/Zylinder: 247 ccm/2 Zyl.
PS/kW: 13,6/10
Bauzeit: 1955–1969
Stückzahl: 210531

Glas Goggomobil TS 400 Coupé

Mit dem **Goggomobil-Coupé** – es
erhielt die Modellbezeichnung TS –
ergänzte Hans Glas im Februar
1957 das aus drei Leistungsstufen
bestehende Programm der Goggo-
Limousine. Seiner Meinung nach war
die Zeit reif für einen Kleinwagen

Hubraum/Zylinder: 395 ccm/2 Zyl.
PS/kW: 20/14,7
Bauzeit: 1957–1969
Stückzahl: 66511

mit sportlicher Schale und eleganter Linienführung. Erwartungs-
gemäß avancierte das Wägelchen schnell zum Traum der Damenwelt
oder stand gar als Zweitwagen vor manchem Einfamilienhaus.
Bedeutende Veränderungen hat es während der Bauzeit, abgesehen
vom Übergang zu vorn angeschlagenen Türen, kaum gegeben.
Statistisch betrachtet, brachte es die Coupé-Variante stückzahlmäßig
auf etwa ein Drittel aller gefertigten Goggomobile – und die war
beachtlich, denn mit 280730 Einheiten ging das Goggomobil nach
Produktionsende als bisher erfolgreichster deutscher Kleinwagen
in die Automobilgeschichte ein.

Heinkel Kabine 150

**Als Produkt der Heinkel-Flugzeug-
werke** in Speyer setzte man für die
Heinkel Kabine auf Leichtbauweise
und erreichte bei dem niedrigen
Gewicht von 245 kg und der günstigen Formgebung eine Spitze von
82 km/h. Um diesen Wert zu erzielen,
genügte der vom Heinkel-Motorroller her bekannte Viertaktmotor.
Seine einzige Veränderung bestand durch das Ergänzen eines Rück-
wärtsgangs. Zum Vergleich: Die kleinere BMW Isetta brachte 345 kg
auf die Waage und musste von einem 250-ccm-Motor angetrieben
werden. Wurden die Heinkel Kabinen der ersten Serie noch mit einer
Gestängeschaltung bestückt, erhielten spätere Modelle ein Viergang-
Klauengetriebe nebst Bowdenzugschaltung. 1958, nach dem Ende
der deutschen Produktion, wurden die Herstellerrechte der Kabine
an die Firma International Sales Ltd. in Irland abgetreten und später
von Trojan in England übernommen.

Hubraum/Zylinder: 174 ccm/1 Zyl.
PS/kW: 9/6,6
Bauzeit: 1955–1958
Stückzahl: ca. 12000

Kleinschnittger F 125

Paul Kleinschnittger gründete 1949
in Arnsberg die Kleinschnittger-
Werke GmbH, um dort mit einer
Belegschaft von 75 Mann den zwei-
sitzigen F 125 zu bauen. Dieses Auto
entsprach in etwa den Anschaf-
fungs- und Unterhaltskosten eines

Hubraum/Zylinder:	123 ccm/1 Zyl.
PS/kW:	4,5/3,5
Bauzeit:	1950–1957
Stückzahl:	ca. 2000

Motorrads. Selbst leidenschaftlicher Motorradfahrer, war Kleinschnittger der Nachteil eines Zweirads – mangelnder Wetterschutz –
bestens bekannt. Da seine Autokonstruktion nur 130 kg auf die
Waage brachte, konnte auf den Rückwärtsgang verzichtet werden –
wer den F 125 wenden wollte, musste aussteigen, das Wägelchen
am Heck anheben und es einfach nur umsetzen! Der Einstieg in den
türlosen Wagen war durch die geschickt gestalteten Seitenteile leicht
zu bewältigen, allerdings nur, solange man auf den Gebrauch des
eigenwilligen Klappverdecks verzichtete.

Lloyd Alexander TS

Die Krönung konsequenter Weiterentwicklungen und Verbesserungen
gipfelte 1958 in der Präsentation
des Lloyd Alexander TS. Theoretisch
zählte dieses Modell vielleicht zu den
Kleinwagen, aber mit all den serienmäßigen Standards, die der TS besaß,

Hubraum/Zylinder: 596 ccm/2 Zyl.
PS/kW: 25/18,3
Bauzeit: 1958–1961
Stückzahl: –

war er besser in der Kategorie der untersten Mittelklasse aufgehoben. Verglichen mit dem VW Käfer (3800 Mark), an dessen Preis
sich in den 50er Jahren alle Automobile zu messen hatten, wurde
der Lloyd lange Zeit nur von einem Zweizylinder-Viertaktmotor
angetrieben. Dank seines durchweg geschraubten und völlig zerleg-
baren Aufbaus war der Wagen aber ein Musterbeispiel an niedrigen
Folgekosten. Mit insgesamt 176 524 Einheiten zählten die Modelle
LP 600, Alexander und Alexander TS eindeutig zu den populärsten
Automobilen des Bremer Konzerns.

Mercedes-Benz 170 S Cabriolet A

Der Mercedes-Benz Typ 170, mit
dem der Konzern nach Ende des
Zweiten Weltkriegs die Tradition im
Automobilbau fortsetzte, entwickelte
sich im Zuge der Modellpflege zu
einem zuverlässigen Gebrauchsfahr-
zeug erster Güte. Trotz zahlreicher

Hubraum/Zylinder:	1767 ccm/4 Zyl.
PS/kW:	52/38
Bauzeit:	1949–1951
Stückzahl:	830

technischer Verbesserungen (Überarbeitung des Fahrwerks, Pendelachse, zentrale Chassisschmierung) blieb Daimler-Benz der bereits
in den 30er Jahren entwickelten unverwechselbaren Karosserieform
weitgehend treu. Dem wachsenden Wohlstand angemessen, reagierte
man auf den Wunsch nach mehr Leistung, und der Aufstieg in die
automobile Oberklasse war zu Beginn der 50er Jahre wieder zum
Greifen nah. Mit dem Anstieg der Nachfrage und der Steigerung der
Produktion war es nur noch eine Frage der Zeit, bis der Konzern die
Modellpalette mit anderen Baumustern ergänzte.

Mercedes-Benz 220 Coupé

Alle Versionen des Typs 220 basierten auf einem x-förmigen Rahmen, der aus ovalem Stahlrohr gefertigt wurde. Damit entsprach der solide Unterbau mit seiner hinteren Zweigelenk-Pendelachse dem bei Daimler-Benz seit Kriegsende ange-

Hubraum/Zylinder: 2195 ccm / 6 Zyl.
PS/kW: 80/58,6
Bauzeit: 1954–1955
Stückzahl: 85

wandten Baukastenprinzip. Von den 14 verschiedenen Karosserie-versionen des 220 zählten schon damals die Coupé-Varianten zu den seltensten Aufbauten. Obwohl Daimler-Benz nur 85 Coupés auf die Räder stellte, gab es hier regelmäßige Detailveränderungen. Die frühen Coupés wurden wie gewohnt von dem 80 PS starken Motor angetrieben, während man den Jahrgang 1955 mit einem weiterent-wickelten Motor bestückte, dessen Zylinderkopf aus Leichtmetall gefertigt wurde.

Mercedes-Benz 219

Im Herbst 1953 präsentierte Daimler-Benz mit dem Typ 180 endlich den lang erwarteten „Ponton-Wagen". Bei diesem Modell kam im Konzern erstmals die Bauweise der selbsttragenden Karosserie zur Anwendung, die jede Menge Vorteile brachte: So profitierte der Wagen dank des rechteckigen Grundrisses von einer optimalen Raumausnutzung. Gleich nach dem ersten Produktionsjahr wurde der vierzylindrige 180 durch eine längere Limousine gleichen Baumusters ergänzt. Dieser Typ 220a, der ab 1956 durch den 219 ersetzt wurde, erhielt einen drehmomentstarken Sechszylindermotor. Vor allem das Modell 219 – eine hochwertige Alternative zum sechszylindrigen Opel – sollte Interessenten einen preisgünstigen Einstieg in diese Fahrzeugklasse bieten.

Hubraum/Zylinder: 2195 ccm/6 Zyl.
PS/kW: 85/62,2
Bauzeit: 1954–1959
Stückzahl: –

Mercedes-Benz 220 SE Coupé

🚗 **Der bekannte Sechszylindermotor,** den es ab Oktober 1958 auch in einer Version als Einspritzer gab, zeichnete sich in erster Linie natürlich durch die höhere Leistungsabgabe aus. Er brachte gegenüber der Vergaser-Ausführung 15 PS mehr an die Hinterrä-

Hubraum/Zylinder:	2195 ccm/6 Zyl.
PS/kW:	115/84,2
Bauzeit:	1958–1960
Stückzahl:	–

der. Dank seines höheren Drehmoments erzielten das Ponton-Cabrio und das Ponton-Coupé damit eine etwas bessere Beschleunigung, an der Höchstgeschwindigkeit von 160 km/h änderte sich hingegen nichts. Allerdings schlug der Einspritzmotor mit einem saftigen Aufpreis zu Buche. Der kaufkräftigen Kundschaft, die sich einen luxuriösen 220 SE mit verschwenderischer Ausstattung leisten konnte, schien das wenig zu stören. Aufgrund der hohen Nachfrage blieb der SE ein Jahr länger in Produktion als der 220 S.

Mercedes-Benz 300

Es herrschte viel Gedränge auf dem
Stand der Daimler-Benz AG, als man
1955 anlässlich der Frankfurter IAA
neben dem eleganten Mercedes-Benz
220 noch einen weiteren Wagen, den
Typ 300, präsentierte. Mit diesem
imposanten Modell wollte der Kon-

Hubraum/Zylinder:	2996 ccm/6 Zyl.
PS/kW:	115/84,2
Bauzeit:	1951–1954
Stückzahl:	–

zern auf eindrucksvolle Weise neue Akzente in der automobilen
Oberklasse setzen – und das ist den Ingenieuren mehr als gelungen.
Die fast 5000 mm lange viertürige Limousine basierte auf einem x-
förmigen Rahmen, dessen Radstand 3050 mm betrug. Ein optischer
Kunstgriff ließ den 300er noch länger wirken, als er schon war, denn
die Form der stark ausgeprägten vorderen Kotflügel setzte sich naht-
los über die gesamte Breite der Vordertüren fort.

Mercedes-Benz 300 Sc Cabrio A

Nur ein halbes Jahr später nach dem Debüt leitete Daimler-Benz im Zuge der Modellpflege von dem Typ 300 die Variante 300 S ab. Sie wurde im Oktober 1951 auf dem Pariser Salon der Fachpresse vorgestellt. Der werksintern W 188 I genannte Wagen wandelte sich bald wieder und sorgte dann als Typ 300 Sc (intern W 188 II) für Aufmerksamkeit auf den Straßen. Der 300 Sc glänzte mit reichlich Chromzierrat, profitierte in erster Linie aber von einem starken Einspritzmotor. Eine überarbeitete Eingelenk-Pendelhinterachse trug übrigens zur Steigerung des Fahrkomforts bei. Mittlerweile ergänzten verschiedene Karosserievarianten diese Baureihe, unter anderem das hier abgebildete zweitürige Cabriolet. Sein Kaufpreis damals: 37 000 Mark!

Hubraum/Zylinder: 2996 ccm/6 Zyl.
PS/kW: 175/128,1
Bauzeit: 1955–1958
Stückzahl: –

Mercedes-Benz 300 SL

Am 15. Juni 1951 fasste der Vorstand von Daimler-Benz einen Beschluss mit großer Tragweite: Mercedes-Automobile sollten wieder auf die Rennstrecken der Welt zurückkehren. Wie sich später herausstellte, war es eine äußerst glückliche Entschei-

Hubraum/Zylinder: 2996 ccm/6 Zyl.
PS/kW: 215/157,5
Bauzeit: 1954–1957
Stückzahl: 1400

dung. Denn sie brachte der Marke Mercedes-Benz in den 50er Jahren nicht nur zwei WM-Titel in der Formel 1, sondern war gleichzeitig auch die Geburtsstunde einer unsterblichen Auto-Faszination: des Mythos SL. Selten hat eine Buchstabenfolge wie die Modellbezeichnung SL – eigentlich nur als Kürzel für „sportlich" und „leicht" gedacht – einen ähnlich charismatischen Glanz erreicht. Die beiden Buchstaben sind noch heute die Urkunde für eine einzigartige Mercedes-Tradition und Garanten für eine pulsierende Legende.

Mercedes-Benz 300 SL Roadster

Im März 1957 löste der Roadster, der bis 1963 produziert wurde, den Flügeltürer ab. Wieder blickte man bei dieser Entscheidung auf den US-Markt, wo offene Automobile im Trend lagen. Ab 1958 gab es den Roadster auch mit Hardtop. Damit begründete Mercedes-Benz die Philosophie, dass ein SL offen, aber gleichzeitig auch wettertauglich sein muss. Ein weiteres markantes Merkmal der SL-Modelle der 50er Jahre waren die sichelförmigen Karosserieausbuchtungen über den Rädern, die dem Wagen eine eindrucksvolle Erscheinung verliehen. Ursprünglich waren sie dazu gedacht, die Karosserieflanken vor Schmutz und Steinschlägen zu schützen. Der Roadster erhielt eine neue Eingelenk-Pendelachse mit tiefer gelegtem Drehpunkt und Ausgleichsfeder, welche der ursprünglichen Zweigelenk-Achse überlegen war und die Fahrer im Grenzbereich weniger forderte. Ab 1961 setzt Mercedes-Benz beim SL Roadster an allen vier Rädern Scheibenbremsen ein.

Hubraum/Zylinder: 2996 ccm/6 Zyl.
PS/kW: 215/157,5
Bauzeit: 1957–1963
Stückzahl: 1858

Messerschmitt KR 175

Als der Flugzeugingenieur Fritz Fend
sich nach dem Zweiten Weltkrieg
überlegte, wie die ideale Lösung für
die Transportprobleme der Nachkriegszeit aussehen sollte, entwickelte er zunächst ein eiförmiges
Vehikel mit Fahrradrädern und

Hubraum/Zylinder:	173 ccm/1 Zyl.
PS/kW:	9/6,6
Bauzeit:	1953–1955
Stückzahl:	ca. 10000

Antrieb durch Fuß- oder Handhebel. Unter dem Namen „Fend
Flitzer" wurde es im Wesentlichen von Kriegsversehrten gekauft.
Fend erkannte jedoch, dass eine Motorisierung seiner Fahrzeuge
praktischer war und startete erfolgreiche Versuche mit Victoria-,
Riedel- und Sachs-Motoren. Mit dem 98 ccm großen Sachs-Aggre-
gat erreichten die spartanischen Flitzer immerhin 60 km/h, und Fend
betrachtete das Ergebnis als ausbaufähige Vorstufe zum Kleinwagen.
Auf der Suche nach einer gesünderen Basis für die Erweiterung
seines Unternehmens kam er mit seinem früheren Arbeitgeber,
Professor Messerschmitt, zusammen.

Messerschmitt FMR Tg 500

Etwa 320 FMR Tg 500 (so die offizielle Modellbezeichnung für den
Tiger) verließen von 1958 bis 1963
die Werkshallen. War der Wagen
schon damals eine Rarität, so ist die
Zeit, in der noch restaurierungsfä-
hige Exemplare zu finden waren,

Hubraum/Zylinder: 493 ccm/2 Zyl.
PS/kW: 19,5/14,3
Bauzeit: 1958–1963
Stückzahl: ca. 320

längst abgelaufen. Den dreirädrigen Kabinenrollern entsprechend
basierte auch der Tg 500 auf einem mit der Bodenwanne ver-
schweißten Rohrrahmen. Mit einem Zweizylinder-Zweitaktmotor
bestückt (493 ccm) erhielt man nun – laut Werbeprospekt! – „...für
den Preis eines Kleinwagens die Leistung eines Tourenwagens". Sie
lag in diesem speziellen Fall allerdings bei bescheidenen 19,5 PS
und machte den Tiger etwa 130 km/h schnell. Somit war er – wieder
der Werbung entsprechend – „... Das Fahrzeug für den sportbegeis-
terten Motorradfahrer, der sicher und trocken fahren möchte, ohne
auf die Fahrleistung seiner spurtschnellen Maschine verzichten zu
müssen ...".

NSU Prinz I

Es muss für die Fachpresse eine
Überraschung gewesen sein, als
ausgerechnet Deutschlands größte
Zweiradfabrik – NSU – im September
1957 per Pressemitteilung wissen
ließ: „Der Prinz ist da!" Gemeint war
damit ein Automobil, das der Markt-
situation entsprechend den Kleinwagensektor bereichern sollte;
denn noch immer blieb für viele der VW Käfer ein Traum. Dem NSU
Prinz, der ab März 1958 vom Band laufen sollte, schrieb man eine
besonders wichtige Vorgabe ins Lastenheft: Vier erwachsene Menschen mussten in diesem Automobil untergebracht werden, anders
gesagt, eine komplette Familie. Das war durchaus machbar – allerdings nicht auf die bequemste Weise, wie Fachjournalisten nach
ausgiebigen Testfahrten zu berichten hatten.

Hubraum/Zylinder: 583 ccm/2 Zyl.
PS/kW: 20/14,7
Bauzeit: 1958–1962
Stückzahl: ca. 94 500

Opel Kapitän

An die Produktion von Personenwagen war nach dem Zweiten
Weltkrieg bei Opel vorerst nicht zu
denken. Man hatte das Werk Bran-
denburg verloren, die Fertigungsanlagen des Modells Kadett wurden
als Reparationsleistung nach Osten
abtransportiert, und erst 1947 konnte wieder ein Pkw (Modell
Olympia) die Montagehallen verlassen. 1948 folgte, von wenigen
Veränderungen abgesehen, die Neuauflage des Modells Kapitän,
der in seiner Urform bereits vor Ausbruch des Zweiten Weltkriegs
erschien. 1939 musste die Fertigung nach knapp 25000 Exemplaren
eingestellt werden, doch in der zweiten Auflage (Oktober 1948
bis Februar 1951) konnte die große viertürige Limousine wieder
30000-mal verkauft werden.

Hubraum/Zylinder: 2473 ccm/6 Zyl.
PS/kW: 55/40,2
Bauzeit: 1948–1951
Stückzahl: 30431

Opel Kapitän P 2.5

Im Juni 1958 erschien der Kapitän
P 2.5, der bis zur Ablösung durch
den P 2.6 (ein Jahr später) immerhin
rund 35000 Käufer fand. Das 4800
mm lange Automobil überzeugte
zwar mit seiner neuartigen Karosserieform, doch die Abkehr von der

Hubraum/Zylinder: 2473 ccm/6 Zyl.
PS/kW: 80/58,6
Bauzeit: 1958–1959
Stückzahl: 34 842

bislang favorisierten Pontonform hatte auch negative Eigenschaften:
Es war praktisch unmöglich, auf der hinteren Sitzbank Platz nehmen
zu können, ohne sich beim Einsteigen den Kopf zu stoßen – die
Dachpartie fiel nämlich schon in Höhe der Rücksitzlehne zu Lasten
der Kopffreiheit weit nach hinten zurück. Panoramascheiben, ausla-
dende Stoßstangen und der verschwenderische Umgang mit Chrom
entsprachen allerdings dem damaligen Zeitgeschmack – auch Zwei-
farblackierungen waren zu jener Zeit sehr beliebt.

Porsche 356

Porsche-Konstruktionen haben seit nunmehr 100 Jahren Technik-geschichte geschrieben, aber das erste Automobil mit dem Marken-namen Porsche wurde erst am 8. Juni 1948 als Porsche 356 von der Kärnt-ner Landesregierung technisch abge-

Hubraum/Zylinder: 1131 ccm/4 Zyl.
PS/kW: 40/29,3
Bauzeit: 1948
Stückzahl: Einzelstück

nommen. Dessen geistiger Vater war der am 27. März 1998 im Alter von 88 Jahren verstorbene Professor Ferdinand „Ferry" Por-sche. In seiner während des Krieges von Stuttgart-Zuffenhausen nach Gmünd im österreichischen Kärnten verlagerten Firma hatte Ferry Porsche 1947 mit bewährten Mitarbeitern begonnen, auf der Basis des von seinem Vater entwickelten Volkswagen-Käfers „einen Sportwagen zu bauen, wie er mir selbst gefiel".

Porsche 356 Carrera 1600

Um den Typ 356 erfolgreich in Serie bauen zu können, war es für Porsche unabdinglich, die Produktion von Gmünd aus in geeignetere Räumlichkeiten zu verlagern. Zwar war seine Fabrikanlage in Stuttgart zu Kriegszeiten von den Amerikanern über-

Hubraum/Zylinder:	1588 ccm/4 Zyl.
PS/kW:	115/84,2
Bauzeit:	1959–1963
Stückzahl:	76 302

nommen worden, doch die versprachen ihm, die Hallen bis zum 1. September 1950 zu räumen. Obwohl die Zeit knapp war, gelang es Porsche, vorerst eine Zwischenlösung zu finden. Die Karosseriebaufirma Reutter, bei der die Aufbauten gefertigt werden sollten, stellte Porsche 500 Quadratmeter zur Verfügung, für die er monatlich eine Miete in Höhe von 500 Mark zu zahlen hatte. Porsches Villa, seine Garage und eine Scheunenanlage mussten ebenfalls als provisorische Fabrikanlage herhalten – nur so konnte der erste in Deutschland montierte 356 auf die Räder gestellt werden.

Sachsenring P 240

Nach dem Zerfall der Auto Union
– ein Zusammenschluss der Marken
Audi, DKW, Horch und Wanderer –
wurden die im östlichen Teil
Deutschlands gelegenen Horch-
Werke nach Ende des Zweiten Weltkriegs als sogenannter Volkseigener

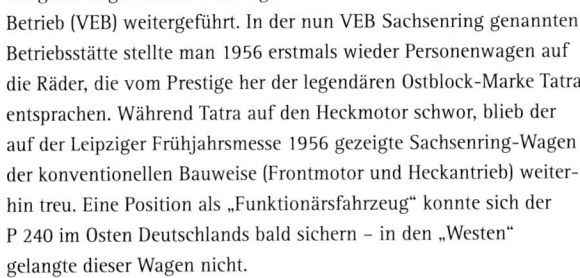

Hubraum/Zylinder: 2407 ccm/6 Zyl.
PS/kW: 80/58,6
Bauzeit: 1956–1959
Stückzahl: ca. 1400

Betrieb (VEB) weitergeführt. In der nun VEB Sachsenring genannten
Betriebsstätte stellte man 1956 erstmals wieder Personenwagen auf
die Räder, die vom Prestige her der legendären Ostblock-Marke Tatra
entsprachen. Während Tatra auf den Heckmotor schwor, blieb der
auf der Leipziger Frühjahrsmesse 1956 gezeigte Sachsenring-Wagen
der konventionellen Bauweise (Frontmotor und Heckantrieb) weiterhin treu. Eine Position als „Funktionärsfahrzeug" konnte sich der
P 240 im Osten Deutschlands bald sichern – in den „Westen"
gelangte dieser Wagen nicht.

Trabant P 50

Der Trabant P 50, der seit November 1957 von den AWZ Automobilwerke Zwickau (später VEB Sachsenring) produziert wurde, ist als Oldtimer mittlerweile eine Rarität. Die frühen Ausführungen dieses Wagens wurden ihrer rundlichen Form wegen im

Hubraum/Zylinder: 500 ccm/2 Zyl.
PS/kW: 18/13,2
Bauzeit: 1958–1963
Stückzahl: ca. 3700000

Volksmund auch liebevoll „Kugelporsche" genannt – andere sprachen von der „Rennpappe". Mit dem Erscheinen der zweiten Trabi-Generation 1962 gab es kaum Neuigkeiten, denn Modellpflege war dem Fronttriebler erst einmal fremd. Auch der offizielle Weg in den „Westen" blieb dem Wagen so gut wie verschlossen. Einerseits blockierte der Bau der Mauer im August 1961 etwaige Exportversuche, andererseits reichte die Produktion kaum aus, um die Nachfrage in der DDR zu decken: Wer einen Trabi haben wollte, hatte sich auf Lieferzeiten von zehn Jahren und mehr einzustellen.

Veritas 90 SPC

Die Firma Veritas wurde in der
unmittelbaren Nachkriegszeit von
ehemaligen BMW-Mitarbeitern
gegründet. Neben extrem sportlichen
Wettbewerbswagen stellte man bald
auch interessante Straßenversionen
auf die Räder, die von einem neu-
entwickelten Motor angetrieben wurden. Ernst Loof, einer der
Initiatoren dieser Marke, verlegte Anfang 1951 nach dem Zusammenbruch des Unternehmens einen Teil der Produktionsanlagen
an den Nürburgring. Hier baute er in Kleinauflage das Modell
„Veritas-Nürburgring" weiter. Der Typ SPC entstand noch im Werk
Messkirch/Baden. Wie alle Veritas-Wagen, basierte er auf einem
kräftig dimensionierten Chassis. Der Exklusivität eines Veritas
angemessen, lag der Einstiegspreis dieser Sportwagen damals
bei etwa 17 000 Mark.

Hubraum/Zylinder: 1988 ccm/6 Zyl.
PS/kW: 100/73,2
Bauzeit: 1949–1950
Stückzahl: –

Victoria 250

1956 gründete der Ingenieur Harald Friedrich zusammen mit den Victoria-Werken die Firma BAW (Bayerische Automobil-Werke), um das Projekt eines Kleinwagens mit Kunststoffkarosserie realisieren zu können. Leider hinkte der Absatz den

Hubraum/Zylinder:	248 ccm/1 Zyl.
PS/kW:	14/10,2
Bauzeit:	1956–1958
Stückzahl:	ca. 1580

Erwartungen hinterher, denn der „Spatz" genannte Wagen war ein Schönwetterauto – bedingt durch fehlende Türen, wurde das Einsteigen bei geschlossenem Verdeck zur Qual. Als sich Friedrich von der BAW trennte, entstand eine zweite Auflage des Winzlings, die unter der Regie von Victoria noch einmal überarbeitet wurde. Die Wagen dieser Baureihe kamen als Victoria 250 in den Handel, bevor Victoria die Produktionsrechte an den Fahrzeugbau Burglengenfeld abgab – der hier geplante Weiterbau als „Burgfalke FB 250" kam allerdings nicht mehr zum Tragen.

Volkswagen 1200

Im Dezember 1945 wurde mit 55 montierten Fahrzeugen die Serien-fertigung des Käfers aufgenommen. Dass damit in dem einsam am Mittellandkanal gelegenen Werk der Start für eine automobile Karriere beginnen sollte, konnte noch niemand ahnen – schließlich war man zu jener Zeit noch von Existenzsorgen und anderen Nöten geplagt. Bereits ein Jahr später lief der 10000ste Volkswagen vom Band, bevor Restriktionen und äußere Ereignisse dem Aufbau entgegenwirkten. So waren Lieferun-gen an Privatpersonen nicht gestattet. Der Mangel an Kohle führte 1947 zu einer vorübergehenden Stilllegung des VW-Werkes. Doch die Erfolgsgeschichte ging weiter. Schon 1948 gehörten 8400 Mitar-beiter zur Belegschaft, die fast 20000 Fahrzeuge im Jahr bauten – ihr Durchschnittsstundenlohn betrug 1,10 Mark.

| Hubraum/Zylinder: 1192 ccm/4 Zyl. |
| PS/kW: 30/22 |
| Bauzeit: 1953–1957 |
| Stückzahl: ca. 1200000 |

Volkswagen Hebmüller Cabrio

VW-Chef Heinrich Nordhoff ließ 1948 bei der Firma Joseph Hebmüller in Wülfrath probehalber drei Prototypen eines Cabriolets auf Volkswagenbasis bauen. Für die Fertigung sollten aber möglichst viele Originalteile der VW-Limousine verwendet werden; die exklusive Innenausstattung des Wagens stammte von Hebmüller selbst. Das Volkswagenwerk gab eine Serie von 2000 Einheiten in Auftrag, doch als Folge eines Großbrands in den Fertigungsanlagen musste Hebmüller vier Jahre später die Tore schließen. Bis dahin waren lediglich 696 Cabriolets auf den Markt gekommen. Die Karmann-Werke in Osnabrück – sie sollten in der VW-Geschichte schon bald eine wichtige Rolle spielen – montierten aus Restbeständen und Ersatzteilen noch diverse Hebmüller-Cabriolets.

Hubraum/Zylinder: 1131 ccm/4 Zyl.
PS/kW: 25/18,3
Bauzeit: 1949–1953
Stückzahl: 696

Volkswagen Karmann Ghia

Die Karmann-Werke in Osnabrück
hatten die besten Voraussetzungen,
um einen flotten, sportlich angehauchten Zweisitzer auf VW-Käfer-
Basis auf die Räder zu stellen – als
Hersteller des Käfer-Cabriolets waren
sie schließlich mit der VW-Technik

Hubraum/Zylinder: 1192 ccm/4 Zyl.
PS/kW: 30/22
Bauzeit: 1955–1960
Stückzahl: 362 585 (Coupés)

bestens vertraut. Das einzige Problem aber war, dem VW-Konzern
diese Idee schmackhaft zu machen, denn Karmann wollte den
Wagen ebenfalls über das VW-Händlernetz vertreiben. Ideen für
einen „Käfer im Frack" gab es im Hause Karmann schon 1951.
Wilhelm Karmann ließ seine Vorstellungen, die schon in Form von
Skizzen existierten, von dem italienischen Designstudio Carozzeria
Ghia noch einmal gründlich überarbeiten, bevor 1953 der erste
Prototyp des Karmann Ghia auf die Räder gestellt wurde.

Zündapp Janus

❧ **Um dem rückläufigen Motorrad-geschäft** entgegenzuwirken, entschieden die Zündapp-Werke, einen Pkw zu bauen, der konventionelles Automobilstyling in den Schatten stellen sollte. Eine Eigenkonstruktion war der Typ Janus aber nicht – er basierte

Hubraum/Zylinder:	248 ccm/1 Zyl.
PS/kW:	14/10,2
Bauzeit:	1957–1958
Stückzahl:	6902

auf dem 1955 entwickelten Prototypen des Dornier Delta, den Dornier an Zündapp veräußerte. Das interessante am Janus-Konzept war, dass die Insassen in diesem vorn wie hinten identisch aussehenden Automobil Rücken an Rücken saßen. Warum das so sein sollte, erklärte die Pressemitteilung: „.... Eine zukunftsweisende Automobilkonstruktion! Die vier Sitze liegen sicher Rücken an Rücken ...". Vielleicht blickte man mit dem Janus zu weit in die Zukunft – nur Individualisten konnten sich für diesen automobilen Flop begeistern.

Citroen 2 CV

Im Oktober 1948 auf dem Pariser
Salon erneut präsentiert, bahnte sich
die „Ente" zielstrebig ihren Weg auf
Frankreichs Straßen und wurde, trotz
der bescheidenen Motorleistung,
generell bestaunt. Sie besaß eigentlich alles – also nur das Notwen-

> **Hubraum/Zylinder:** 375 ccm/2 Zyl.
> **PS/kW:** 9/6,6
> **Bauzeit:** 1949–1954
> **Stückzahl:** ca. 676 000

digste –, um sicher ans Ziel zu kommen. Dazu gehörte neben einem
375 ccm großen Zweizylindermotor jede Menge Haltbarkeit und
Verlässlichkeit, weil man auf andere Dinge, die entbehrlich waren,
von vornherein verzichtet hatte. Eigentlich war der frontangetriebene „deux chevaux" von den Motordaten her den Kleinwagen
zuzuordnen – seine viertürige Karosserie mit Rolldach entsprach
aber mehr dem Konzept der unteren Mittelklasse. 2 CV-Besitzer
hatten schon damals die Möglichkeit, ihren anfangs nur in grauer
Lackierung erhältlichen Wagen mit Zubehör optisch aufzuwerten.

Citroen 11 CV

Lange, bevor das Wort Crashtest im
Vokabular der Automobilindustrie
auftauchte, simulierte Citroen in
einer Kiesgrube, was passiert, wenn
ein Fahrzeug mit einer Geschwindig-
keit von 30 km/h gegen eine Mauer
fährt. Dieser außergewöhnliche Test

Hubraum/Zylinder:	1911 ccm/4 Zyl.
PS/kW:	56/41
Bauzeit:	1946–1953
Stückzahl:	–

geschah 1935, um die Stabilität der selbsttragenden Ganzstahlkarosserie des Traction Avant zu beweisen. Es passierte nichts – die
Fahrgastzelle blieb unversehrt und keine Tür sprang auf. Für Citroen
war dieses Testergebnis einerseits ein Beweis für die Richtigkeit seiner Bauweise und andererseits die Bestätigung, dem Konzept auch
weiterhin ohne Veränderungen treu zu bleiben, weshalb die Tradition dieses Wagens auch nach Ende des Zweiten Weltkriegs unver-
ändert fortgesetzt wurde.

Citroen DS 19

Dicht gedrängt standen die Besucher 1955 auf dem Pariser Automobilsalon. Jeder musste sehen, was sich da auf dem Stand von Citroen drehte, um zu glauben, dass ein Automobil so aussehen kann. In der Geschichte des Automobils hat es wohl keinen anderen Wagen gegeben, in dem so viele technisch revolutionäre und richtungweisende Neuerungen zugleich angeboten wurden.

Hubraum/Zylinder: 1911 ccm/4 Zyl.
PS/kW: 75/55
Bauzeit: 1955–1968
Stückzahl: 1415700

DS – diese im Französischen „Déesse" ausgesprochenen Buchstaben heißen übersetzt „Göttin", und aus jenem Wortspiel wurde bald der Ehrenname des avantgardistischen Modells. Am Abend des ersten Messetages lagen übrigens schon 12000 Bestellungen für die „Göttin" vor, und ein Fachjournalist kommentierte die Geschehnisse: „... ein Auto, das die Technik der Welt tief beeinflussen wird".

Panhard Dyna 120

Dank der Verwendung von Leichtmetall für die Motorhaube und den
Türen brachte der optisch anspre-
chende Panhard Dyna nur 550 kg
auf die Waage. Deshalb war das
Auto, das 1946 zuerst mit einem
24 PS starken luftgekühlten Zweizy-

Hubraum/Zylinder: 745 ccm/2 Zyl.
PS/kW: 31/22,7
Bauzeit: 1950–1952
Stückzahl: ca. 55000

linder-Boxermotor (610 ccm Hubraum) bestückt wurde, keineswegs
untermotorisiert. Im Zuge der Weiterentwicklung stieg die Leistung
ab 1949 bis auf 31 PS an. Neben den werksseits lieferbaren Karosserieaufbauten entstanden auf der Basis des Stahlrohrrahmens (vorn
Einzelradaufhängung, hinten Starrachse) noch diverse Sonderkarosserien, die hauptsächlich in den Ateliers namhafter Karosseriers wie
Allemano oder Ghia-Aigle entworfen wurden. Ähnlich dem MG in
England, entwickelten sich Panhard-Dyna-Modelle bald zum Traumwagen der französischen Jugend.

Peugeot 403

Mit dem 403 präsentierte Peugeot 1955 auf dem Turiner Automobilsalon einen perfekten Mittelklassewagen, der elf Jahre die Modellpalette bereicherte. Als er erschien, gab es fünf Jahre lang als Alternative noch den etwas kleineren 203 und ab 1960 sogar schon den modernisierten Typ 404. Diese Vielfalt tat dem Erfolg des 403 keinen Abbruch – er war Frankreichs zeitgemäßes Mittelklassefahrzeug und wurde allen Ansprüchen gerecht. Als viertüriger Familienwagen bot er fünf Personen reichlich Platz. Der Komfort wurde vor allem durch die vorderen Einzelsitze unterstrichen, die aber so eng zusammenlagen, dass man dort bei Bedarf wie auf einer durchgehenden Sitzbank auch drei Personen unterbringen konnte.

Hubraum/Zylinder: 1468 ccm / 4 Zyl.
PS/kW: 58 / 42,5
Bauzeit: 1956–1966
Stückzahl: 1 214 130

Renault 4 CV

🚗 **Eine Vorkriegskonstruktion weiterzubauen,** wie es viele Automobilhersteller nach Ende des Zweiten Weltkriegs taten, kam für Renault auf der Suche nach einem neuen Modell nicht in Frage. Man holte stattdessen einen Prototyp aus der

Hubraum/Zylinder:	760 ccm / 4 Zyl.
PS/kW:	18/13,3
Bauzeit:	1947–1961
Stückzahl:	1 105 000

Versenkung, der schon 1940 auf die Räder gestellt wurde. Dem ursprünglich zweitürigen Versuchsträger mit Aluminiumkarosserie stellte man noch eine Alternative mit Stahlaufbau und eleganterer Linienführung gegenüber. Zur Serienreife entwickelt, avancierte der kleine Viertürer mit der Modellbezeichnung Renault 4 CV zum Star des Pariser Automobilsalons 1947. Renault erklärte: „300 Exemplare sollen pro Tag gefertigt werden und kein Stück weniger …". Anders interpretiert hieß das, dass hier von einem Massenprodukt geredet wurde.

Renault Dauphine

Mitte der 50er Jahre, als sich Renaults kleiner Mittelklassewagen 4 CV auf dem Markt richtig etabliert hatte, versuchte man, diesem Modell ein etwas größeres Fahrzeug als Alternative an die Seite zu stellen. Der Dauphine, wie die Alternative

Hubraum/Zylinder:	845 ccm/4 Zyl.
PS/kW:	27/19,8
Bauzeit:	1956–1968
Stückzahl:	2 120 000

genannt wurde, verfügte ebenfalls über einen im Heck platzierten wassergekühlten Motor. Dieses Konzept machte ihn sympathisch, weshalb die Nachfrage nicht auf sich warten ließ. Das handliche Familienauto entwickelte sich außerdem zu einem Exportschlager und sorgte darüber hinaus auch im Wettbewerbssport für Gesprächsstoff: Unter der Regie des Rennwagenkonstrukteurs Gordini lancierte man ab Ende 1957 den extrem sportlich angehauchten Dauphine Gordini mit einer Leistungsabgabe von 38 PS.

Renault Floride

Auf der gleichen technischen Basis
aufbauend wie die Dauphine, präsentierte Renault 1959 die elegante
Floride. Anders als ihr viertüriges
Gegenstück mit rundlicher Linienführung, zeigte sich die Floride (Radstand ebenfalls 2270 mm) als flotter
Zweitürer. Pietro Frua, einer der namhaften italienischen Karosseriebauer, hatte diesmal das Design entworfen – hergestellt wurde der
zweitürige Coupé-Aufbau allerdings bei der französischen Firma
Chausson. Das zweisitzige Coupé besaß zwar eine hintere Notsitz-
bank, doch dieses dürftige Platzangebot ließ sich besser als zusätzliche Gepäckablage nutzen. Lufteinlässe im Bereich der hinteren
Kotflügel signalisierten dem Kenner, dass das neue Modell ebenfalls
von einem Heckmotor angetrieben wurde.

Hubraum/Zylinder: 845 ccm/4 Zyl.
PS/kW: 35/25,5
Bauzeit: 1959–1968
Stückzahl: –

Vespa 400

Kontrastierend zur Modellpalette der
Motorroller konnten Besucher des
Pariser Automobilsalons 1957 auf
dem Stand der Vespa-Gruppe ein
Wägelchen bewundern, das zwar den
italienischen Markennamen Vespa
trug, genau genommen aber ein

Hubraum/Zylinder: 394 ccm/2 Zyl.
PS/kW: 14/10,3
Bauzeit: 1957–1961
Stückzahl: –

Mischling mit französischem Einschlag war. Um nicht dem Fiat-
Konzern, zu dem man Geschäftsbeziehungen pflegte, als Konkurrent
in die Quere zu kommen, wurde der Vespa 400 nicht in seinem
Heimatland, sondern in Frankreich gebaut! Das modern gestylte
Auto mit selbsttragender Karosserie erinnerte ein wenig an den
Autobianchi 500, dessen praktische Rolldachkonstruktion anscheinend hier Pate stand. Ursprünglich plante man eine Tagesproduktion
von 100 Fahrzeugen, doch weil sich der Wagen wider Erwarten
schlecht verkaufte, wurde die Produktion vorzeitig eingestellt.

Alvis Typ 14

Alvis zählte zu den wenigen Automobilherstellern, die in der glück-
lichen Lage waren, ihre Produktion
nach Ende des Zweiten Weltkriegs
unmittelbar wieder aufnehmen zu
können. Natürlich führte man zuerst
die Fertigung der bereits in den 30er
Jahren entwickelten Baureihe fort – eine vollkommene Neuentwick-
lung sollte es erst 1950 geben. Der Alvis Typ 14, der ab 1946 wieder
in drei Versionen angeboten wurde, unterschied sich in der Linienführung kaum von seiner Vorkriegsausführung. Das Vierzylinder-
Aggregat, das seine Kraft an die starre Hinterachse brachte, gab es in
mehreren Leistungsstufen von 66 bis 71 PS. Das stabil konstruierte
Kastenrahmenchassis wurde vereinzelt auch an Karosseriebauspezialisten geliefert, die einige wenige Typ 14 mit eleganten Sonderauf-
bauten bestückten.

Hubraum/Zylinder:	1892 ccm/4 Zyl.
PS/kW:	66/48,3
Bauzeit:	1946–1950
Stückzahl:	ca. 3300

Aston Martin DB 2

🚗 **Trotz permanenter Finanzkrisen**
hatte Aston Martin in den 30er Jahren stets für Aufmerksamkeit im
Motorsport gesorgt, und als es nach
dem Zweiten Weltkrieg wieder einmal an Kapital mangelte, rettete
1947 der Industrielle David Brown

Hubraum/Zylinder: 2580 ccm/6 Zyl.
PS/kW: 108/79,1
Bauzeit: 1951–1953
Stückzahl: –

die Automobilfabrik vor ihrem sicheren Untergang. Brown beabsich-
tigte, die Sportwagentradition des Hauses Aston Martin fortzuführen-
ren, und ließ unter seiner Regie für 1948 ein Sport-Cabriolet, den
Typ DB 1 (DB stand für David Brown) entwickeln. Dem ziemlich
barock geratenen Wagen folgte bald der elegantere Typ DB 2, der
zuerst im Wettbewerbssport von sich Reden machte, bevor er 1950
als Straßenversion erschien. Der DB 2 folgte vom Design her dem
Gran-Tourismo-Konzept, einer Designlinie, die in Italien populär
geworden war.

Austin A 30

🚗 **Anfang der 50er Jahre** kursierten Gerüchte, dass Austin mit einem neuen Modell in die Fußstapfen des legendären Seven der Vorkriegszeit treten wollte: Man brachte 1951 den A 30 Seven auf den Markt – nach fünf Jahren Bauzeit wurde dieses Modell (Austins erster Wagen mit selbsttragender Karosserie!) durch den Typ A 35 ergänzt. Als die Austin Motor Company 1952 mit der Nuffield-Gruppe (Morris, MG, Wolseley und Riley) zur British Motor Corporation (BMC) fusionierte, stellte man dem viertürigen A 30 (4 Zylinder; 803 ccm; 30 PS) noch einen Zweitürer als Sparversion gegenüber. Glücklich wurde BMC mit beiden Wagen nicht. Erst mit dem 1959 von Alec Issigonis lancierten Mini konnte man auf dem Kleinwagenmarkt wieder erfolgreich Fuß fassen.

Hubraum/Zylinder: 803 ccm/4 Zyl.
PS/kW: 30/22
Bauzeit: 1951–1959
Stückzahl: ca. 225000

Austin A 40 Somerset

Wem der Austin A 30 etwas zu klein war, fand ab 1952 bei den Händlern eine interessante Alternative: Das Werk brachte mit dem A 40 Somerset einen Wagen auf den Markt, der die Käufer der unteren Mittelklasse bedienen sollte. Nach alter Tradition

Hubraum/Zylinder: 1200 ccm/4 Zyl.
PS/kW: 43/32
Bauzeit: 1952–1954
Stückzahl: –

basierte der A 40 noch immer auf einem stabilen Kastenrahmen, der die viertürige Ganzstahlkarosserie trug. Bei einer Gesamtlänge von 4050 mm und einem Radstand von 2350 mm zeigte sich die rundliche Karosserie durchaus harmonisch proportioniert, doch ihr Design galt in Augen der Kritiker als veraltet und bieder. Die meist konservativ eingestellte Käuferschicht schien das kaum zu stören – trotzdem konnte sich der A 40 auf dem Markt nicht etablieren. Nach nur zwei Jahren Bauzeit stellte Austin die Produktion wieder ein.

Austin Mini

Nur wenige Automobile haben einen
so revolutionären Eindruck hinter-
lassen wie der Mini. Als er 1959
debütierte, wirkten alle anderen
Kleinwagen plötzlich überholt. Der
Mini eroberte schon bald die Straßen
und Rennstrecken in aller Welt –

Hubraum/Zylinder: 848 ccm/4 Zyl.
PS/kW: 34,5/25,3
Bauzeit: 1959–1967
Stückzahl: –

doch dieses Automobil bedeutete auch Abschied von vielen traditio-
nellen Konstruktionsmerkmalen. Dieser knapp 3000 mm lange (oder
kurze?) Wagen hatte eine Gummifederung, Frontantrieb und winzige
10-Zoll-Räder, die an den äußeren Ecken der Karosserie saßen. Die
Motor-Getriebe-Einheit war quer eingebaut und nahm insgesamt
nur ein Fünftel des Gesamtvolumens ein. Damit bot der Mini trotz
seiner Kürze vier Personen Platz. Das Wichtigste aber war, dass er
preiswert, schnell und darüber hinaus auch sparsam war.

Austin-Healey 100

1952 übernahm die British Motor Corporation (BMC) die Produktion und den Vertrieb eines von Donald Healey entwickelten Sportwagens. Bereits im Jahr zuvor präsentierte Healey den Prototyp seines Typ 100 genannten Vierzylinders auf der Londoner Motor Show. Der Zufall wollte es, dass sich ausgerechnet der Generaldirektor der Austin-Werke für diese Studie interessierte – schließlich liebäugelte man hier schon seit längerem mit einem sportlichen Modell. Healey erkannte die Chance, sein Vorhaben durch Austin realisieren zu lassen, denn nur mithilfe eines renommierten Herstellers ließen sich hohe Stückzahlen erreichen. Das unter der Modellbezeichnung Austin-Healey 100 verwirklichte Projekt füllte bald die Preislücke zwischen den günstigen MG-T-Modellen und dem teuren Jaguar XK 120.

Hubraum/Zylinder: 2660 ccm / 4 Zyl.
PS/kW: 91/66,7
Bauzeit: 1952–1956
Stückzahl: ca. 12900

Austin-Healey 100/6

Der Erfolg des 100 Meilen (160 km/h)
schnellen Austin-Healey 100 ließ
nicht lange auf sich warten. Käufer
rissen sich förmlich um diesen Roadster, und Donald Healey machte sich
bereits Gedanken, wie er das Fahr-
vergnügen noch steigern könne. Im

Hubraum/Zylinder:	2639 ccm/6 Zyl.
PS/kW:	103/76
Bauzeit:	1956–1959
Stückzahl:	ca. 14450

Zuge der Weiterentwicklung und Modellpflege experimentierte
er mit einem durchzugskräftigen Sechszylinder-Aggregat aus
dem Hause Morris, das die Laufkultur des Sportwagens verbessern
sollte. Außerdem wurde über eine Verlängerung des Radstands
(2340 anstelle von 2290 mm) sowie die Platzierung hinterer Notsitze
nachgedacht. All diese Veränderungen bescherten den Sportwagenenthusiasten schließlich den Austin-Healey 100/6, der es auf eine
Höchstgeschwindigkeit von etwa 170 km/h brachte.

Austin-Healey Sprite Mk I

Um auch Sportwagenfans mit
schmalerem Geldbeutel den Genuss
des Healey-Fahrens zu ermöglichen,
entschied man, für 1958 einen
besonders preiswerten Roadster auf
den Markt zu bringen, der vor allem
jüngere Fahrerinnen und Fahrer
ansprechen sollte. Aufgrund der eigenwilligen Position der
Scheinwerfer wurde das Modell Sprite im Volksmund bald nur
noch „Frog" (Frosch) genannt. Die ungewöhnliche Frontpartie
ergab sich übrigens daraus, dass amerikanische Bestimmungen
eine gewisse Mindesthöhe der Hauptscheinwerfer vorschrieben.
Der knapp unter der 1-Liter-Klasse angesiedelte Sprite war für
leistungssteigerndes Tuning geradezu geschaffen. Auf dem Markt
waren jede Menge Umbausätze zu haben, und selbst das Werk offe-
rierte einen Kompressor, der die Leistung auf 60 PS anheben konnte.

Hubraum/Zylinder: 948 ccm / 4 Zyl.
PS/kW: 42,5 / 31,1
Bauzeit: 1958–1961
Stückzahl: ca. 39000

Bentley R-Type

Als 1952 die ersten Bentley R-Type das Werk verließen, durften sie sich rühmen, das seinerzeit teuerste Automobil der Welt gewesen zu sein: Etwa 230000 Mark kostete das Vergnügen, sich entspannt in diesem bequemen Luxusgefährt (Radstand = 3048 mm!) chauffieren zu lassen. Die Frage nach der Höchstgeschwindigkeit spielte bei einem Automobil dieser Kategorie zwar nur eine untergeordnete Rolle, doch es war beruhigend zu wissen, dass etwa 160 km/h erreicht werden konnten. Wem die Fließheckkarosserie aus irgendeinem Grunde nicht zusagte, konnte den R-Type alternativ als Fahrgestell mit Motor ordern: Die Gestaltung der Wunschkarosserie wurde gerne von renommierten Karosseriers übernommen.

Hubraum/Zylinder: 4566 ccm/6 Zyl.
PS/kW: keine Leistungsangaben
Bauzeit: 1952–1955
Stückzahl: 2528

Bentley S 2

Bentleys Modelle S 2 und S 2 Continental wurden als Alternative zum Silver Cloud II gebaut und von einem V8-Motor (Leichtmetall) angetrieben. Wie immer, wurde die Leistungsangabe mit mehr als ausreichend angegeben, auch wenn

Hubraum/Zylinder: 6230 ccm/8 Zyl.
PS/kW: keine Leistungsangaben
Bauzeit: 1959–1962
Stückzahl: 2308

Nebenaggregate wie die Servolenkung, die Klimaanlage oder das Automatikgetriebe an einem Teil der Kraft zehrten. Entgegen der Tradition, Bentleys mit Sonderkarosserien zu bestücken, hielt sich diese Maßnahme beim S 2 in Grenzen – nur einige Spezialisten wie Park Ward, Hooper, H. J. Mulliner oder James Young teilten sich den Markt auf, um jene Besitzer zu bedienen, die hauptsächlich den S 2 Continental favorisierten. Während die Mehrzahl aller S 2 auf einem Radstand von 3124 mm basierte, erhielten 57 Wagen einen Unterbau mit 3225 mm Radstand.

Bond Minicar Mark C

Lawrence Bond verdiente sein Geld nicht mit irgendwelchen Agenten-tätigkeiten, sondern im Automobil-bau. Sein erstes Dreiradvehikel, ein offener Zweisitzer mit Aluminium-karosserie, kam bereits 1949 heraus. Zwei Jahre später erschien Bonds

Hubraum/Zylinder:	197 ccm/1 Zyl.
PS/kW:	2/1,5
Bauzeit:	1951–1954
Stückzahl:	ca. 6700

Minicar in dritter Auflage, und mit diesem Modell, dem Mark C, konnte sich die bei der Firma Sharp's Commercial Ltd. gebaute Kon-struktion sogar die Vormachtstellung auf dem Dreiradmarkt erkämp-fen. Obwohl das Mobil nur ein vorderes Einzelrad besaß, erhielt es entgegen britischem Understatement zwei vordere Kotflügelattrap-pen – über Geschmack ließ sich schon immer streiten. Das Genialste an diesem Wagen aber war, dass man ihn auf der Stelle wenden konnte: Sein vorderes Einzelrad mitsamt dem Motor ließ sich exakt 90 Grad einschlagen!

Bristol 405

Die Idee, Automobile zu bauen, beschäftigte den britischen Flugzeughersteller Bristol schon in den frühen 40er Jahren. Als 1947 der erste Bristol sein Debüt feierte, ließ sich eine gewisse Ähnlichkeit zu BMW-Modellen nicht verleugnen –

Hubraum/Zylinder: 1971 ccm/6 Zyl.
PS/kW: 107/78,3
Bauzeit: 1953–1957
Stückzahl: ca. 300

immerhin hatte Bristol im Zuge von Reparationsleistungen die Pläne des BMW 327 erhalten. Auch zum Antrieb bediente man sich lange Zeit bewährter BMW-Technik, bevor die Wahl unter anderem auf amerikanische V8-Motoren fiel. Mit dem Typ 405 erschien 1953 erstmals ein viertüriger Bristol. Erfolgreich war der Wagen gerade nicht, aber er besaß jede Menge interessanter Detaillösungen: So ließen sich die Vorderkotflügel nach oben klappen – denn hier positionierte man nicht nur das Reserverad, sondern auch die Batterie!

Ford Anglia 105 E

1959 überraschte Ford England mit dem vollkommen neu entwickelten Typ Anglia 105 E. Als eine Art Volksautomobil gedacht, bestückte man ihn mit einem sparsamen Vierzylindermotor. Bei dieser kurzhubigen Maschine handelte es sich um ein modernes Aggregat mit hängenden Ventilen. Die rückwärts geneigte Heckscheibe sowie die bogenförmige Frontpartie sind das Ergebnis langwieriger Tüfteleien im Windkanal – laut Pressemitteilung sprach man diesem Design einen benzinsparenden Einfluss zu. 1961 stellte Ford der Limousine einen Kombi gegenüber und bot den Anglia alternativ mit einer Maschine der 1,2-Liter-Klasse an. Machte sich der Anglia jenseits der Britischen Inseln damals ziemlich rar, so brachte es sein Nachfolger, der Ford Escort, zu mehr Popularität.

Hubraum/Zylinder: 997 ccm/4 Zyl.
PS/kW: 40/29,3
Bauzeit: 1959–1967
Stückzahl: –

Healey 2.4 Litre

Zwar wird der Name Donald Mitchell Healey generell mit Englands legendärem Sportwagen namens Austin-Healey in Verbindung gebracht, doch schon lange bevor die „Big-Healeys" existierten, stellte der ehemalige Pilot ein paar interessante Automobile auf die Räder. Der allererste Healey, der 1946 der Öffentlichkeit präsentiert wurde, basierte auf einem robusten Kastenrahmenchassis und wurde mit einem frisierten Motor der Marke Riley bestückt. Um Gewicht sparen zu können, bestand die Karosserie größtenteils aus Leichtmetall. Zwar war der Prototyp als viersitziger Roadster ausgelegt, doch das hielt Healey nicht davon ab, im Kleinserienbau ständig von diesem Konzept abzuweichen – fast jeder Wagen, der die Werkshallen verließ, sah anders aus.

Hubraum/Zylinder:	2443 ccm/4 Zyl.
PS/kW:	106/77,6
Bauzeit:	1946–1954
Stückzahl:	–

Jaguar 3.5 Litre

Mit Kriegsende 1945 wurde im
Hause Jaguar der Firmenname den
Modellbezeichnungen angepasst –
das Unternehmen hieß nun offiziell
Jaguar Cars Ltd. und baute bis 1948
noch die Vorkriegstypen 1.5 Litre,
2.5 Litre und 3.5 Litre weiter. Je nach

Hubraum/Zylinder: 3486 ccm/6 Zyl.
PS/kW: 126/92,2
Bauzeit: 1946–1948
Stückzahl: ca. 25 600

Motorisierungsstufe brachten es diese Modelle auf eine Spitze von
120 bis 155 km/h. Man wusste, dass diese Wagen zwischenzeitlich
veraltet waren und arbeitete deshalb parallel an der Präsentation
zweier völlig neuer Baureihen (Mark V und XK-Serie). Die Vor-
kriegskonstruktionen – es gab sie als Limousine und Cabriolet –
wurden dennoch akzeptiert, denn jedermann wusste, wie schwierig
es war (Materialknappheit), die Automobilproduktion in der unmittelbaren Nachkriegszeit wieder in Schwung zu bringen.

Jaguar XK 120 Showcar

Auf der Londoner Motor Show im Oktober des Jahres 1948 standen zwei neue Jaguar-Sportwagen, der XK 100 und der XK 120. Ob sie in Serie gehen würden, war noch nicht beschlossen; Jaguar-Chef William Lyons wollte zunächst einmal die

Hubraum/Zylinder:	3442 ccm/6 Zyl.
PS/kW:	162/118,7
Bauzeit:	1948
Stückzahl:	Einzelstück

Resonanz des Publikums abwarten, ehe er seine Entscheidung traf. Schon wenige Tage nach der Ausstellungseröffnung stand für ihn fest: Auf das kleinere Vierzylindermodell XK 100 konnte man getrost verzichten, doch der 3,4-Liter-Sechszylinder XK 120 mit 160 PS musste gebaut werden. Die Reaktion der Ausstellungsbesucher und der Presse war sehr viel positiver ausgefallen, als Lyons zu hoffen gewagt hatte, und der offene Zweisitzer avancierte schnell zum Inbegriff des klassischen Sportwagens.

Jaguar XK 140 Coupé

Immer wieder wurde darüber spe-
kuliert, wie der sportliche Jaguar XK
zu seinem Namen kam. Die Erklä-
rung war ganz einfach: Das X war
ein Kürzel für das Wort „experimental", und der Buchstabe K ergab sich
aus einer Folge interner Bezeichnun-
gen für diverse Motorenprojekte. Dass gerade das Projekt XK die
Grundlage für einen Mythos bildete, ahnten seine „Väter" gewiss
nicht. Diese Männer hießen Harry Weslake, Walter Hassan und
William Heynes. Sie schufen jenen Sechszylindermotor mit
3442 ccm Hubraum und zwei obenliegenden Nockenwellen, der
über sein Experimentalstadium hinaus die Bezeichnung „XK" behielt
und schließlich auch dem 1948 vorgestellten Sportwagen XK 120,
der eine weltberühmte Fahrzeugfamilie anführen sollte, seinen
Namen verlieh. In konsequenter Arbeit wurde der DOHC-Motor
immer wieder verbessert, verfeinert und optimiert.

Hubraum/Zylinder:	3442 ccm/6 Zyl.
PS/kW:	192/140
Bauzeit:	1954–1957
Stückzahl:	8884

Jaguar Mk II 3.8 Litre

Mit der Einführung der selbsttragenden Karosserie läutete Jaguar 1955
eine neue Epoche im Automobilbau
ein. Auch preislich setzte die viertürige Limousine auf dem europäischen Markt neue Akzente – es war
schwer, so eine Luxuslimousine in

Hubraum/Zylinder: 3781 ccm/6 Zyl.
PS/kW: 220/161,2
Bauzeit: 1959–1967
Stückzahl: 30070

vergleichbarer Ausstattung bei der Konkurrenz zu bekommen.
Nach dem erfolgreichen Start des Mk II in den Versionen 2.4
und 3.4 debütierte auf der Londoner Motor Show Ende 1959 als
Highlight der Baureihe noch eine Serie, die mit einem Motor der
3,8-Liter-Klasse bestückt wurde. Der auf der Messe gezeigte Wagen
stand allein schon wegen seiner außergewöhnlichen Optik im Blick-
punkt – Jaguar nannte das gold-metallic lackierte Fahrzeug „Gold
Plated Show Car".

MG Typ TC

Eigentlich werden Automobile, solange sie noch vom Fließband rollen,
noch nicht als Klassiker bezeichnet.
Zu den wenigen Ausnahmen, die es
in der Automobilgeschichte bisher
gab, zählten unter anderem die
T-Modelle aus dem Hause MG.

Hubraum/Zylinder: 1250 ccm/4 Zyl.
PS/kW: 54/40
Bauzeit: 1945–1949
Stückzahl: ca. 10000

Obwohl sie technisch eigentlich nie richtig up to date waren, verkörperten sie von Anfang an den Inbegriff des typisch britischen
Sportwagens. Gleich der erste Wagen dieser Baureihe – der TC –
entwickelte sich zu einem Bestseller. Er konnte nicht nur auf den
Britischen Inseln, sondern vor allem auch in den USA hervorragend
abgesetzt werden. Cecil Kimber, Gründer der Marke MG, konnte diesen spannenden Augenblick leider nicht mehr erleben – er kam im
Februar 1945 bei einem tragischen Eisenbahnunfall ums Leben.

MG Typ A

Zum Herbst 1955 präsentierte MG mit
dem Modell A eine vollkommen neue
Baureihe, die der Sportwagenmarke
wieder zu mehr Popularität verhelfen
sollte. Rundliche, sanft geschwungene Linien bestimmten das Design
des Zweisitzers – nichts erinnerte

Hubraum/Zylinder: 1489 ccm/4 Zyl.
PS/kW: 69/50,5
Bauzeit: 1955–1962
Stückzahl: ca. 98900

mehr an die alten T-Modelle. Der A basierte auf einem modernen
Unterbau, dessen nach außen gebogene Längsträger durch zusätzlich
platzierte Querstreben verstärkt wurden. Diese Auslegung sorgte für
eine verwindungsfreie Konstruktion, denn der A sollte in erster Linie
als offener Roadster den Markt bereichern. Der Tradition entsprechend rollten die Hinterräder noch immer an einer starren Achse,
während man sie vorn einzeln aufhängte. Die Federung entsprach
dem technischen Durchschnitt – hinten gab es Halbelliptikfedern, die
Vorderräder wurden von Schraubenfedern abgestützt.

Morris Minor Saloon

Bei Morris vertrat man schon zu
Beginn des Zweiten Weltkriegs die
Meinung, dass das Geschäft zukünf-
tig mehr im Kleinwagenbau liegen
werde. Wie recht man hatte –
immerhin verlangte der bewährte
Morris Eight dringend einen Nach-

Hubraum/Zylinder: 803 ccm/4 Zyl.
PS/kW: 27/19,8
Bauzeit: 1948–1971
Stückzahl: 1015000

folger. Alec Issigonis, der bereits seit 1936 für Morris tätig war,
aber erst viel später durch die Kreation des Mini weltberühmt wurde,
hatte seit langem ähnliche Ideen, und er tat gut daran, all diese
Gedankengänge während der langen Kriegsnächte in Skizzen-
büchern festzuhalten. So entstand bereits im Dezember 1943 ein
zweitüriger Versuchswagen in amerikanischer Formgebung, den
man „Mosquito" nannte. Diesem Prototypen, der auf kleinen
14-Zoll-Rädern lief, folgten 1946/47 weitere Versuchsfahrzeuge,
aus denen sich letztendlich der legendäre Morris Minor entwickelte.

Rolls-Royce Silver Wraith

Während sich viele Automobilbauer nach Ende des Zweiten Weltkriegs dem Fortschritt beugten und verstärkt ihre Fahrzeuge nach dem Prinzip der selbsttragenden Karosserie auf die Räder stellten, blieb Rolls-Royce weiterhin dem konventionellen Verfahren treu: Der 1946 präsentierte Typ Silver Wraith basierte nach wie vor auf einem wuchtigen Fahrgestell, denn nur so ließen sich Karosserieaufbauten nach Kundenwunsch realisieren. Rolls-Royce fertigte das Chassis mit hinterer Starrachse und unabhängiger vorderer Radaufhängung in zwei Größen, wobei standardmäßig ein Radstand von 3220 mm genutzt wurde. Ab 1951 kam zusätzlich eine Alternative mit 3370 mm Radstand auf den Markt – auf ihr entstand etwa ein Drittel aller Silver Wraith-Modelle.

Hubraum/Zylinder: 4257 ccm/6 Zyl.
PS/kW: keine Leistungsangaben
Bauzeit: 1949–1955
Stückzahl: 1883

Rolls-Royce Phantom IV

Nur für Königshäuser und Staats-
oberhäupter – aber nicht für Privatfahrer! – war der Phantom IV
gedacht. Seiner Exklusivität angemessen, bestückte Rolls-Royce dieses
Modell mit einem Achtzylindermotor
(Reihenbauweise) und stufte das

Hubraum/Zylinder: 5675 ccm/8 Zyl.
PS/kW: keine Leistungsangaben
Bauzeit: 1950–1956
Stückzahl: 18

Getriebe so ab, dass der Phantom IV für Paradezwecke problemlos
in Schrittgeschwindigkeit bewegt werden konnte. Auf dem Fahrgestell (3680 mm Radstand) ließen sich natürlich großzügig bemes-
sene Karosserieaufbauten realisieren. Bis auf eine Ausnahme wurden
die Karosserien bei Hooper und H. J. Mulliner gefertigt – in auf-
wendiger Handarbeit! Obwohl Rolls-Royce den Phantom IV nur
18-mal baute, ging auch dieser Kleinserie ein Prototyp voraus, der
nach Abschluss aller notwendigen Tests verschrottet wurde.

Rover 90

Die Rover der Baureihe P4 waren alles andere als Automobile für Modefans – sie sprachen mehr den typisch britischen Gentleman an, der ein unaufdringliches, aber dennoch interessantes Fahrzeug fahren wollte. Die bequeme viertürige Limousine musste sich regelmäßiger Modellpflege unterziehen und wurde in relativ kurzen Intervallen immer wieder durch verbesserte Nachfolger ersetzt. Neben dem zuerst lancierten Typ 75 gab es bald eine Sparausgabe mit Vierzylindermotor (Rover 60), und ein Sechszylinder der 2,6-Liter-Klasse rundete das Programm nach oben hin ab. Während einige Baumuster vorübergehend mit einer Lenkradschaltung bestückt wurden, kehrte man bald wieder zur moderneren Mittelschaltung zurück.

Hubraum/Zylinder:	2638 ccm/6 Zyl.
PS/kW:	93/68,1
Bauzeit:	1955–1959
Stückzahl:	130000

Scootacar

Im Falle des Scootacar stieg kein tra-
ditioneller Automobilbauer, sondern
eine Lokomotivenfabrik ins Automobilgeschäft ein. Hunselt in Leeds
bzw. dessen Tochterfirma Scootacars
Limited brachte dieses Kunststoffei
heraus, das auf 2060 mm Gesamt-

Hubraum/Zylinder: 197 ccm/1 Zyl.
PS/kW: 8,5/6,2
Bauzeit: 1957–1960
Stückzahl: –

länge zwei Erwachsenen Platz bieten sollte – zumindest der
Werbung nach. Den Dimensionen entsprechend kam die verglaste
Kunststoffkabine mit nur einer Tür auf der linken Seite aus. Dank
der enormen Höhe saß man in diesem Gefährt fast wie in einem
Londoner Taxi, doch das laute Motorengeräusch des im Heck platzierten Zweitaktmotors holte einen rasch auf den Boden der Tat-
sachen zurück. Gewöhnungsbedürftig war vor allem die Lenkung
in Form eines Fahrradlenkers: Sie ermöglichte aufgrund des großen
Einschlagwinkels trickreiche Parkmanöver.

Singer SM 1500

Singer gehörte zu den traditions-
reichen britischen Firmen, die schon
existierten, bevor man überhaupt
an den Bau von Motorwagen dachte.
Das Unternehmen wurde 1860
gegründet – den ersten Singer-
Wagen gab es 1909. Im Laufe der

Hubraum/Zylinder:	1506 ccm/4 Zyl.
PS/kW:	48/35,1
Bauzeit:	1948–1949
Stückzahl:	–

Jahre entwickelte sich Singer sogar kurzfristig zum drittgrößten
Automobilhersteller auf den Britischen Inseln, doch die Ende der
20er Jahre einsetzende Wirtschaftskrise machte alle Zukunftspläne
schnell zunichte. Trotz interessanter Neuentwicklungen konnte
sich Singer nicht halten und wurde deshalb in den Rootes-Konzern
eingegliedert. Unter dessen Regie stellte man den Bau rassiger Sportwagen bereits 1937 ein und verlegte sich auf die Herstellung kon-
ventioneller Automobile.

Triumph 1800

🚗 **Mit dem Triumph 1800** stellte man 1946 einen Wagen auf die Räder, dessen Karosserielinie im typisch britischen Messerkantenstil (knife-edge-style) gehalten wurde. Diese Stilrichtung war zumindest für die sechsfenstrige Limousine gültig;

Hubraum/Zylinder:	1776 ccm/4 Zyl.
PS/kW:	66/48,3
Bauzeit:	1946–1950
Stückzahl:	ca. 2500

denn der als Gegenstück gebaute Roadster zeigte sich mit barocken Rundungen. Damit seine Linienführung harmonischer wirkte, wurde der Radstand des Rahmenunterbaus von 2740 auf 2540 mm reduziert. Ein interessantes Detail des Roadsters war sein Kofferraum. Er bestand aus einem zweiteiligen Deckel und gab bei Bedarf noch zwei Notsitze und eine weitere Windschutzscheibe frei – diese damals weitverbreitete Sitzanordnung ist längst unter dem Begriff „Schwiegermuttersitz" in die Automobilgeschichte eingegangen.

Triumph TR 3 A

1955 gesellte sich zum Triumph TR 2 das Modell TR 3. Eine wesentlich attraktiver gestaltete Frontpartie und die stärkere Motorisierung brachten diese Wagen sofort auf Erfolgskurs. Dem technischen Fortschritt angemessen, bestückte man den TR 3

Hubraum/Zylinder: 1991 ccm / 4 Zyl.
PS/kW: 101/74
Bauzeit: 1957–1961
Stückzahl: –

vorn mit Scheibenbremsen. Zu den angenehmsten Verbesserungen des Modelljahrgangs 1957/58 gehörte zweifelsohne das erneute Anheben der Leistung. Aber auch die optischen Retuschen, die der nun TR 3 A genannte Sportwagen über sich ergehen lassen musste, standen dem Auto gut zu Gesicht. Unter anderem gab es ein neu gestaltetes Armaturenbrett, bequemere Sitze mit mehr Seitenhalt und das die ganze Wagenbreite einnehmende Kühlergitter.

Alfa Romeo 1900

Mit dem Modell 1900 gelang Alfa Romeo der Schritt von der Fahrzeugmanufaktur zum Großserienhersteller. Bereits nach vier Jahren Bauzeit hatte die Zahl der 1900er die Produktionszahl der ersten 40 Jahre von Alfa Romeo überschritten! Für die

Hubraum/Zylinder: 1884 ccm / 4 Zyl.
PS/kW: 90/70
Bauzeit: 1950–1953
Stückzahl: –

Mailänder Traditionsmarke war damit die Zukunft gesichert. Diese noble Limousine war im Wettbewerbssport ebenso anzutreffen wie im Großstadtverkehr: Bald gesellten sich verschiedene Coupé-Varianten zur Limousine. Im Nachkriegs-Deutschland blieb der teure Wagen indes eine seltene Erscheinung: Erst warteten die Deutschen auf ihr Wirtschaftswunder, später mussten sie für einen 1900 Super Sprint mit Touring-Superleggera-Karosserie so viel bezahlen wie für einen Luxuswagen aus heimischer Produktion.

Ferrari 342 America

Der erste Ferrari, der als reiner Straßensportwagen konzipiert wurde, debütierte 1948. Bei der Konstruktion dieses Modells (Typ 166) berücksichtigte Enzo Ferrari viele im harten Wettbewerbssport gewonnene Erkenntnisse. Was den Ferrari so begehrenswert machte, war natürlich sein Motor – ein reinrassiger Zwölfzylinder! Konstruiert wurde die brutale Maschine allerdings von Gioacchino Colombo, einem erfahrenen Mann, dessen Karriere in den 30er Jahren bei Alfa Romeo begonnen hatte. Das Hubvolumen der drehfreudigen Maschine mit zwei obenliegenden Nockenwellen ließ sich übrigens anhand der Modellbezeichnung schnell berechnen, denn die gab stets den Hubraum eines einzelnen Zylinders an. So hatte der Ferrari Typ 166 ein Aggregat der 2-Liter-Klasse (12 × 166 ccm), der Ferrari 342 eine 4,1-Liter-Maschine (12 × 342 ccm).

Hubraum/Zylinder: 4102 ccm / 12 Zyl.
PS/kW: 200 / 146,5
Bauzeit: 1952–1953
Stückzahl: 6

Ferrari 375 America

Weil **Enzo Ferrari** mit vielen Karosseriebauexperten zusammenarbeitete
und dabei noch Sonderwünsche seiner Kunden berücksichtigte, glich
für lange Zeit kaum ein Wagen dem
anderen. Jedes Fahrzeug war ein
individuelles Einzelstück – während

Hubraum/Zylinder: 4523 ccm / 12 Zyl.
PS/kW: 300/220
Bauzeit: 1953–1955
Stückzahl: 12

manche Wagen auf einem Fahrwerk mit kurzem Radstand basierten,
erhielten andere einen längeren Unterbau. Von dem zwölfmal gebauten Typ 375 America entstanden acht Karosserien bei Pininfarina, Vignale realisierte drei Aufbauten, und ein Wagen wurde im
Hause Ghia eingekleidet. Zu den bekanntesten Prominenten, die in
den 50er Jahren einen Ferrari bewegten, zählten unter anderem
König Leopold von Belgien, Ingrid Bergmann und Juan Domingo
Perón, der Staatschef von Argentinien.

Ferrari 250 GT Spyder California

Auf Anraten des amerikanischen
Ferrari-Importeurs Luigi Chinetti
– ein alter Freund Enzo Ferraris – realisierte man mit dem Modell Spyder
California einen Traumwagen, der
sich nicht nur auf dem US-Markt
zum Objekt der Begierde entwickelte.

Hubraum/Zylinder: 2953 ccm/12 Zyl.
PS/kW: 280/205,1
Bauzeit: 1957–1963
Stückzahl: 104

Wieder einmal war es das Fachmagazin „Sports Car Illustrated", das
dieses Automobil zu Recht in den höchsten Tönen lobte: „Der California hat den schönsten (Karosserie-)Körper diesseits der Riviera.
Wir wissen nicht, wie oder warum, aber die Italiener scheinen einen
Exklusivvertrag für automobile Schönheit zu besitzen. Kurz und gut,
wir halten die Karosserie, den Motor und das Getriebe für großartig,
das Fahrverhalten für ganz gut. Aber die Lenkung, die Bremsen und
die Sitze entsprechen noch nicht dem Standard."

Fiat 600

Schon vor der Produktionseinstellung
des legendären Topolino Typ 500 C
feierte auf dem Genfer Salon 1955
der Fiat 600 als offizieller Nachfolger
sein Debüt. Vollkommen neu mit
selbsttragender Karosserie konzipiert,
etablierte sich der 100 km/h flotte

Hubraum/Zylinder: 633 ccm/4 Zyl.
PS/kW: 22/16,1
Bauzeit: 1955–1973
Stückzahl: 2 500 000

Wagen genauso schnell wie sein Vorgänger. Bis 1960 wurden
bereits 950 000 Einheiten produziert, und nachdem die Fließbänder
im Fiat-Hauptwerk Mirafiori für die Fertigung des 600 eingerichtet
waren, konnte die laut Pressemitteilung sensationellste Kleinwagen-
neuheit der Nachkriegszeit endlich den Konkurrenzkampf mit anderen kompakten Automobilen aufnehmen. Auf einer Gesamtlänge
von 3210 mm bot der Wagen sogar vier Personen Platz. Ein kurz-
hubiger Motor (633 ccm; 22 PS) sorgte von Anfang an für akzeptable Fahrleistungen – ein Leistungsplus gab es erst in der zweiten
Serie ab 1960 (Fiat 600 D).

Fiat Multipla

Kann man einen Kleinwagen in eine Großraumlimousine für sechs Personen verwandeln? Man kann – mit entsprechenden Ideen. Fiats Chefkonstrukteur Dante Giacosa fand die Lösung nach dem Motto „Man nehme einen Fiat 600 und setze den Fahrer auf die Vorderachse". Schön sah das nicht aus, aber bei 2000 mm Radstand und einer Gesamtlänge von 3530 mm blieb da noch reichlich Platz für zwei weitere Sitzreihen, die bei Bedarf umgeklappt werden konnten. So profitierte man von einer 1,7 Quadratmeter großen Ladefläche. Fiat baute vom dem 600 Multipla von 1956 bis 1965 insgesamt 129 994 Einheiten. Bis 1960 motorisierte man die Frontlenker-Wagen mit dem 19 PS Vierzylinder (633 ccm), in der zweiten Serie ab 1960 mit dem größeren 767-ccm-Aggregat (25 PS).

Hubraum/Zylinder: 633 ccm/4 Zyl.
PS/kW: 19/14
Bauzeit: 1955–1960
Stückzahl: 129994

Lancia Aurelia B 10

🔹 **Im Sommer 1950,** zwölf Stunden vor der offiziellen Eröffnung des Turiner Salons, enthüllte Lancia in einer abendlichen Weltpremiere vor internationalem Publikum das erste Modell einer neuen Mittelklasse-Baureihe: den Aurelia B10 Berlina.

Hubraum/Zylinder: 1754 ccm/6 Zyl.
PS/kW: 56/41
Bauzeit: 1950–1953
Stückzahl: –

Die Presse bescheinigte der noblen Limousine in den folgenden Tagen sensationell innovative Eigenschaften. Der Grund: Im Gegensatz zu vielen Wettbewerbern brach der Lancia Aurelia optisch und technisch radikal mit den veralteten Fahrzeugkonzepten der Nachkriegszeit. Unter seiner selbsttragenden Karosserie arbeitete der erste serienmäßig eingesetzte und sehr schmal bauende V6-Motor der Welt; sein Zylinderwinkel beträgt 60 Grad, seine Leistung 56 PS, sein Hubraum 1754 ccm.

Maserati A6 GCS

Lange Zeit entwickelten und bauten die Maserati-Brüder hochkarätige Rennsportwagen, bevor man sich ab 1946 endlich intensiver mit der Konstruktion interessanter Straßensportwagen beschäftigte. Mit dem Modell A6 stellte Maserati 1946 einen für

Hubraum/Zylinder: 1985 ccm/6 Zyl.
PS/kW: 167/122,3
Bauzeit: 1953–1957
Stückzahl: –

den Privatfahrer gedachten Klassiker auf die Räder, dessen Design am Zeichenbrett Pininfarinas entworfen wurde. Der A6 blieb vom Konzept her für lange Zeit die tragende Säule des Modellprogramms. Der Hubraum des Sechszylindermotors (anfangs 1488 ccm) wurde permanent vergrößert und die Leistungsabgabe gesteigert. Neben Pininfarina entwarfen auch andere Karosseriebauexperten wie Allemano, Frua und Zagato bildhübsche Sonderkarosserien, mit denen das Stahlrohrrahmenchassis bestückt wurde.

Maserati 5000 GT

Ein Motor der 5-Liter-Klasse machte den 1959 vorgestellten Maserati 5000 GT zum Traumwagen schlechthin. Das kurzhubige V8-Aggregat mit je zwei obenliegenden Nockenwellen pro Zylinderreihe gab bei 6200 Touren eine Leistung von 350 PS ab. Diese Kraft, die über ein Vierganggetriebe an die starre Hinterachse gebracht wurde, war ausreichend, um den Traumwagen auf 270 km/h zu bringen. Die meisten Karosserien für diesen Wagen entstanden im Hause Touring, wo man sich schon seit langem auf eine besondere Art der Leichtbauweise spezialisiert hatte (System Superleggera). Da die Kundschaft für derartige Sportwagen begrenzt war, lieferte Maserati den 5000 GT fast ausschließlich auf Bestellung.

Hubraum/Zylinder:	4975 ccm/8 Zyl.
PS/kW:	350/256,3
Bauzeit:	1959–1965
Stückzahl:	–

Saab 92

Die Flugzeugbaufirma Saab ging davon aus, dass nach Ende des Zweiten Weltkriegs der Bedarf an Personenwagen wachsen würde. Man setzte sich deshalb zum Ziel, ein Automobil zu entwickeln, das zunächst einmal den skandinavischen Markt bedienen sollte. Im Gegensatz zu den amerikanisch aussehenden Volvo-Wagen sollte der Saab von den im Flugzeugbau gesammelten Erfahrungen profitieren und mit einem eigenständigen Design überraschen. Diese Überraschung ist Saab tatsächlich gelungen, denn das Automobil, das im Juni 1947 der Fachpresse präsentiert wurde, brach mit allem, was man bisher im konventionellen Personenwagenbau gesehen hatte. Noch ahnte niemand, dass Saab hier einen Wagen entwickelt hatte, dessen Konzept lange Zeit mustergültig bleiben sollte.

Hubraum/Zylinder: 764 ccm / 2 Zyl.
PS/kW: 25/18,3
Bauzeit: 1947
Stückzahl: Einzelstück

Saab Gran Turismo 750

Schwedens Charakterauto machte
nicht nur auf der Straße, sondern
auch im Wettbewerbssport eine gute
Figur. Vor allem mit dem Aufkommen des Dreizylinders war die Marke
auf Siege am laufenden Band abon-
niert. Erik Carlsson, der ab 1956 zum
Team der Entwicklungsabteilung gehörte, oblag auch die Vorberei-
tung der Werkswagen für Rallyeeinsätze. So durfte er unter anderem
einen Typ 750 GT genannten Wettbewerbswagen betreuen, der über
wassergekühlte (!) Trommelbremsen verfügte. Nicht ganz so raffi-
niert ausgestattet war der Gran Turismo 750. Er wurde als Straßenversion konzipiert und bediente vor allem sportlich ambitionierte
Privatfahrer. Der mit einem Vierganggetriebe bestückte Wagen
wurde anfangs von einem 45-PS-, später 55-PS-Aggregat angetrieben und lief 150 bzw. 160 km/h.

Hubraum/Zylinder:	748 ccm/3 Zyl.
PS/kW:	45/33
Bauzeit:	1958–1962
Stückzahl:	–

Volvo PV 444

Erst einen Tag vor der offiziellen
Präsentation verkündete Volvo den
Preis des neuen PV 444: Er sollte
4800 schwedische Kronen kosten.
Dieser hochinteressante Preis brachte
dem Konzern noch während der
Messe 2300 Bestellungen ein. Das

Hubraum/Zylinder:	1414 ccm/4 Zyl.
PS/kW:	40/29,3
Bauzeit:	1947–1958
Stückzahl:	ca. 196000

Interesse am PV 444 war so enorm, dass Kunden bereit waren,
das Doppelte und mehr für Vorverträge zu zahlen. Es sollte jedoch
noch bis 1947 dauern, bis die Auslieferung des PV 444 begann.
Nach der so erfolgreichen Markteinführung des interessanten
Wagens erlitt Volvo einen schweren Rückschlag. In der Metall-
industrie brach ein langer Streik aus. Volvo musste die Planung
für den Fertigungsbeginn zurückstellen. Trotzdem wurden einige
Exemplare fertiggestellt – zusammen mit den Prototypen konnte
Volvo endlich mit Testfahrten beginnen.

Skoda Felicia

🚗 **1959 erschien bei Skoda** als Weiterentwicklung des Modells 440 der
neue Octavia. Seine Wesensmerkmale
waren die verbesserte Vorderrad-
aufhängung und eine überarbeitete
hintere Pendelachse. Ovale Kühlergit-
terverkleidungen zierten sein anspre-

Hubraum/Zylinder:	1089 ccm/4 Zyl.
PS/kW:	38/27,9
Bauzeit:	1959–1965
Stückzahl:	ca. 15000

chendes Äußeres, und als Alternative zur geschlossenen Limousine
stand der Octavia noch in einer offenen Version bei den Händlern.
Das Cabriolet, das unter der eigenen Modellbezeichnung Felicia
angeboten wurde, ließ sich mit einem Hardtop ohne großen Aufwand
in ein voll wettertaugliches Automobil verwandeln. Skoda führte mit
dem Felicia bzw. Octavia einen Bestseller im Programm, der sich aufgrund seines guten Preis-Leistungs-Verhältnisses auch eine Position
auf dem osteuropäischen Exportmarkt sichern konnte.

Tatra 603

Ganz nach dem Schema des alten
Tatra 87 gestrickt, sollte 1956 der
Typ 603 als Nachfolgemodell in
die Fußstapfen seines Vorgängers
treten. Schon der 1955 auf die Räder
gestellte Prototyp ließ erkennen, dass
die viertürige Karosserie des 603 dem

Hubraum/Zylinder:	2545 ccm/8 Zyl.
PS/kW:	100/73,2
Bauzeit:	1956-1975
Stückzahl:	–

Stromliniendesign entsprechen sollte. Wieder musste ein im Heck
platzierter luftgekühlter V8-Motor den Wagen antreiben. Die Leistung, die das Aggregat diesmal abgab, lag bei 100 PS. Sie wurde bei
4800 Touren erreicht und machte das 5000 mm lange Automobil
165 km/h schnell. Als 1956 bei der staatlichen Marke Tatra die Serienproduktion anlief, hatte man wieder ein Topmodell im Programm,
das vom Konzept her fast zwei Jahrzehnte lang ohne große Veränderungen gebaut werden sollte.

Buick Skylark

🚗 **Buicks Typ Skylark** galt im GM-Konzern als offizielles Jubiläumsmodell und wurde auf Basis des Buick Roadmaster-Cabrios entwickelt. Ned Nickles, Buicks Chefdesigner, entwarf die elegante, sportlich aussehende Karosserie mit großen Radausschnitten, in denen die Chromspeichenräder besonders gut zur Geltung kamen. Als Sportwagen konnte man den Skylark aber nicht bezeichnen, immerhin brachte er zwei Tonnen auf die Waage. Viele Dinge, die es sonst nur gegen Aufpreis gab, gehörten beim Skylark bereits zur Grundausstattung, so unter anderem das Automatikgetriebe, eine Servolenkung, Servobremsen, elektrische Sitzverstellung, elektrische Fensterheber, ein Radio mit fußbetätigtem Sendersuchlauf (!) und natürlich stilvolle Weißwandreifen.

Hubraum/Zylinder: 5276 ccm/8 Zyl.
PS/kW: 188/137,7
Bauzeit: 1953–1954
Stückzahl: 1690

Buick 70 Roadmaster

Im Gegensatz zu europäischen
Herstellern nahm Buick als Marke
des GM-Konzerns zwar 1946 die
Produktion wieder auf, doch erst
1949 konnte man ein Geschäftsjahr
nach dem Krieg wieder mit einem
Rekordergebnis abschließen: Insge-

Hubraum/Zylinder:	5276 ccm/8 Zyl.
PS/kW:	202/148
Bauzeit:	1953–1955
Stückzahl:	–

samt wurden 552 827 Fahrzeuge produziert, und der Blick in die
Zukunft war optimistisch – außerdem rückte das 50ste Firmenjubiläum in greifbare Nähe. Für das Jubiläumsjahr 1953 gab es diverse
Veränderungen bei den sogenannten „Golden Anniversary Models".
Ihr zwischenzeitlich veralteter, reichlich groß geratener Achtzylinder-Reihenmotor, der für die relativ hohe und gewölbte Motorhaube
der Buicks verantwortlich war, wurde in den Super- und Roadmas-
ter-Modellen durch ein moderneres V8-Aggregat ersetzt.

Cadillac Eldorado Convertible

Etwa 1140 Wagen stellte Cadillac im Jahre 1945 auf die Räder. Für amerikanische Verhältnisse war diese Zahl mehr als lächerlich, doch man darf nicht vergessen, dass es auch in den USA nach der Wiederaufnahme der Produktion in der unmittelbaren Nachkriegszeit zu Materialengpässen kam. Es brauchte eine Weile, bis der Handel in Schwung kam, und ein Jahr später sah die Statistik schon ganz anders aus. Fast 30000 Cadillacs kamen auf den Markt – eine Zahl, die sich 1947 sogar verdoppeln sollte. Das war immer noch zu wenig, denn der Konzern hätte fast schon wieder 100000 Automobile absetzen können. Neben ganz normalen Standardausführungen waren zu Beginn der 50er Jahre auch wieder Luxusversionen wie der Typ Eldorado gefragt.

Hubraum/Zylinder:	5424 ccm/8 Zyl.
PS/kW:	210/153,8
Bauzeit:	1953
Stückzahl:	532

Chevrolet Corvette

Wie so oft in der Automobilgeschichte, ging auch Chevrolets
Corvette aus einem sogenannten
Showcar oder Dreamcar hervor.
Eigentlich sollte solch ein Modell
1953 nur die Motorama-Ausstellung
des GM-Konzerns bereichern, doch

Hubraum/Zylinder:	3859 ccm/6 Zyl.
PS/kW:	150/110
Bauzeit:	1953
Stückzahl:	Einzelstück

der niedrige offene Zweisitzer stieß auf ein derart großes Publikums-
interesse, dass sich Chevrolet genötigt sah, etwas intensiver über
dieses Modell nachzudenken. Was dort in New York zu sehen war,
war zwar lange noch kein endgültiges Fahrzeugkonzept, aber ein
durchaus außergewöhnliches: Die Karosserie bestand aus Fiberglas!
Die Zeit war wirklich reif, amerikanischen Sportwagenenthusiasten
endlich etwas Eigenständiges zu bieten – etwas anderes, als importierte Roadster und Cabriolets aus England.

Chevrolet Corvette

Unter der Regie von Zora Arkus-
Duntov avancierte die Corvette zielstrebig zum kraftvollen Sportwagen,
unter dessen Haube ab 1955 ein
195 PS starker V8 mit 4,3 Litern
Hubraum rumorte. Als Alternative
zum Automatikgetriebe gab es eine

Hubraum/Zylinder: 4342 ccm/8 Zyl.
PS/KW: 195/142,8
Bauzeit: 1956–1962
Stückzahl: 64375

manuelle Dreigangschaltung, mit der die Kraft des durchzugsstarken
Motors an die starre Hinterachse gebracht werden konnte. 1956
stutze man dem Wagen die zierlichen Heckflossen, und hinter den
Vorderrädern beginnend unterstrich eine „Einbuchtung" das Karos-
seriedesign in der Seitenlinie, bis der Wagen 1958 anstelle von zwei
mit vier Scheinwerfern bestückt wurde. Optische Retuschen – vor
allem am Heck – ließen schon ahnen, wie die Corvette-Generation
der frühen 60er Jahre aussehen sollte.

Ford V8 Business Coupé

1942 konnten Europas Automobilhersteller von Personenwagen nur
träumen. Zwar wurden zu jener Zeit
in den USA noch Autos gefertigt,
aber auch dort blieb der Jahrgang
1942 ein recht kurzes Produktionsjahr. Wie üblich, überarbeitete man
auch für diesen Jahrgang die Frontpartie aller Modelle und hob
wie gewohnt den Preis an. Diesmal traf es die Kundschaft aber
besonders hart, denn wegen des Krieges waren viele Werkstoffe
rar geworden. Ford suchte nach Alternativen und fertigte erstmals
Teile wie das Armaturenbrett oder innere Türgriffe aus Kunststoff.
Auch Nickel musste eingespart werden, weshalb Komponenten wie
Wellen und Zahnräder aus einer Legierung von Stahl und Molybdän
gegossen wurden.

Hubraum/Zylinder: 3917 ccm/8 Zyl.
PS/kW: 100/73,2
Bauzeit: 1941–1942
Stückzahl: –

Ford Thunderbird

Schon zu Beginn der frühen 50er
Jahre machten sich Fords Mitarbeiter
William Burnett und David Ash
Gedanken darüber, wie ein zwei-
sitziger Ford-Sportwagen aussehen
könnte. Fords Vizepräsident war
zwar davon einigermaßen angetan,

Hubraum/Zylinder: 4780 ccm/8 Zyl.
PS/kW: 193/141,3
Bauzeit: 1955–1957
Stückzahl: 53166

doch die 1951 entstandene Idee wurde erst einmal zu den Akten
gelegt. Ein Fehler, wie sich bald herausstellen sollte: Längst arbeitete
der General Motors-Konzern an einem ähnlichen Konzept, und der
erste amerikanische Sportwagen, der 1953 debütierte, trug nicht
den Markennamen Ford. Er kam aus dem Hause Chevrolet und hieß
Corvette. Jetzt musste man notgedrungen nachziehen und setzte
alle Hebel in Bewegung, um 1954 mit einem Konkurrenzmodell
zurückschlagen zu können.

Kaiser Henry J

Als 1945 der amerikanische Groß-
industrielle Henry J. Kaiser gemeinsam mit Joseph W. Frazer die Marke
Graham-Paige übernahm, plante
man, neben Luxuswagen auch eine
Art „Volkswagen" auf den Markt zu
bringen. Zwar konnte Kaiser seine

Hubraum/Zylinder:	2199 ccm/4 Zyl.
PS/kW:	69/50,5
Bauzeit:	1951–1953
Stückzahl:	–

Modellpalette vom Start weg erfolgreich etablieren, doch schon
Ende der 40er Jahre rutschten die Verkaufszahlen tief in den Keller.
Ein kompaktes Modell der Mittelklasse (4430 mm Gesamtlänge,
2540 mm Radstand) sollte die Marke 1951 wieder populärer machen.
Das nach Henry J. Kaiser benannte Fahrzeug zeigte eine recht ge-
fällige Form und wurde in der Standardausführung mit einem Vier-
zylindermotor bestückt. Die höherwertige Ausführung – Typ Henry J
De Luxe – erhielt einen Achtzylinder-Reihenmotor der 2,6-Liter-
Klasse mit einer Leistungsabgabe von 81 PS.

Packard Serie 23 Custom Eight

1949 war das letzte Jahr, in dem
Packard seine angestammte Rolle als
Hersteller von Luxuswagen halten
konnte. Als Cadillac ein Jahr später
ein neues Automobildesign auf den
Markt brachte, blieb Packard den
rundlichen Aufbauten weiterhin
treu – ein Fehler, wie sich bald herausstellen sollte. Da der Jahrgang
1949 gleichzeitig mit dem 50sten Firmenjubiläum zusammenfiel,
stellte Packard von dem Baumuster der Serie 23 ein Jubiläumsmodell auf die Räder. Dieser 150 km/h schnelle Wagen, der auf
einem Unterbau mit 3220 mm Radstand basierte, erhielt jede Menge
interessanter Extras, unter anderem elektrische Fensterheber und
ein elektrisch zu betätigendes Verdeck. Da die zahlreichen Elektro-
motoren viel Strom verbrauchten, wurde dieses Modell nicht mit
einer 6-Volt-, sondern mit einer 8-Volt-Anlage (!) ausgestattet.

Hubraum/Zylinder: 5834 ccm/8 Zyl.
PS/kW: 165/120,8
Bauzeit: 1949–1959
Stückzahl: 60

Plymouth P 12

1928 wurde von Chrysler die
Schwestermarke Plymouth gegrün-
det, um mit ihr leichter gegen Ford
und Chevrolet antreten zu können.
In den 30er Jahren führte Plymouth
erstmals versenkte Bedienungs-
knöpfe am Armaturenbrett ein –
damit war man in punkto Sicherheit den Mitbewerbern ein gutes
Stück voraus. 1939 stellte Plymouth ein Luxuscabriolet auf die
Räder, das als Besonderheit mit einem elektrisch zu betätigenden
Verdeck ausgestattet wurde. Eine von diesem Wagen abgeleitete
Version, der P 12, blieb noch bis 1942 im Programm. Die vielen
Annehmlichkeiten, die es bereits in der Standardversion gab,
schlugen sich natürlich auf den Preis nieder – wer mit einem P 12
liebäugelte, musste mindestens 970 Dollar auf den Tisch legen.

Hubraum/Zylinder: 3299 ccm/6 Zyl.
PS/kW: 87/63,7
Bauzeit: 1941–1942
Stückzahl: 10545

Pontiac Chieftain

Die in den General Motors-Konzern integrierte Marke Pontiac nahm bereits Ende 1945 wieder den Automobilbau auf. Grundlage für die Motorisierung einer neuen Fahrzeuggeneration bildete ein V8-Aggregat, das im Laufe der Jahre zu immer

Hubraum/Zylinder: 4278 ccm / 6 Zyl.
PS/kW: 147/107,7
Bauzeit: 1956–1958
Stückzahl: –

mehr Leistung gebracht wurde. In den späten 50er Jahren, kurz vor der Ära der riesigen Heckflossen, entstand im kanadischen Montagewerk mit dem Modell Laurentian ein Wagen, der keinem dieser Trends folgte. Unter seiner Haube arbeitete nur ein Sechszylinder, denn Pontiac wollte versuchen, dieses Modell als Exportfahrzeug auf dem internationalen Markt zu etablieren. In Skandinavien stand dieses Auto unter der Modellbezeichnung Star Chief bei den Händlern, woanders nannte er sich Chieftain oder Pathfinder.

Holden 48/215

Ende des Jahres 1948 rückte Austra-
lien endlich zu den Ländern auf, die
eine eigene Automobilproduktion
besaßen. Im nahe Melbourne gelegenen Fishermen's Bend liefen bei
der Firma Holden ein paar Modelle
von den Bändern, die sich optisch

Hubraum/Zylinder: 2170 ccm/6 Zyl.
PS/kW: 61/45
Bauzeit: 1948–1953
Stückzahl: –

von den bisher montierten Fahrzeugen abhoben – Holden diente
lange Zeit als Montagewerk für Vauxhall und den General Motors-
Konzern. Die Eigenständigkeit des Holden-Designs war bei genauer
Betrachtung ein gut gelungener Mix amerikanischer und britischer
Linienführung. Die als Viertürer ausgelegten geräumigen Wagen
entsprachen mit ihrem selbsttragenden Karosserieaufbau moderns-
tem Standard. Außerdem verfügten sie über einzeln aufgehängte
Vorderräder – die hinteren wurden an einer Starrachse geführt.

Datsun DC 3

Der Markenname Nissan kam bereits
1937 durch die Fusion von Datsun
mit dem Jidosha Seizo-Konzern
zustande, kurz bevor die japanischen
Handelskontrollgesetze der Automobilindustrie einen größeren Entfal-
tungsspielraum einräumten. 1957,

Hubraum/Zylinder: 750 ccm/4 Zyl.
PS/kW: 18/13,2
Bauzeit: 1952–1957
Stückzahl: –

drei Jahre nach der ersten Tokioter Automobilausstellung, präsentierte sich Nissan dem internationalen Markt und stellte auf dem
Automobilsalon in Los Angeles aus. Den Schwerpunkt der Modellpalette bildete dabei ein Kleinwagen, dem eine gewisse Ähnlichkeit
mit dem Austin Seven nicht abzusprechen war. Neben einem niedli-
chen Sport-Zweisitzer entstanden unter anderem kleine Limousinen,
Pick-up und Tourer, die ausnahmslos von einem Vierzylindermotor
(750 ccm) angetrieben wurden.

Mazda R 360

Erste Erfahrungen im Automobilbau
sammelte Mazda – das Unternehmen
ist aus der Firma Toyo Kogyo in
Hiroshima hervorgegangen – bereits
in den 30er Jahren. Man baute
motorisierte Dreiräder und Lkw,
deren Produktion auch nach dem

Hubraum/Zylinder:	356 ccm/2 Zyl.
PS/kW:	16/11,7
Bauzeit:	1959–1963
Stückzahl:	–

Zweiten Weltkrieg fortgeführt wurde. 1961 schloss Mazda einen
Lizenzvertrag mit NSU, um den von Felix Wankel entwickelten
Rotationskolbenmotor nutzen zu können. Der Mazda 110 S Cosmo,
der als erstes Modell der großen japanischen Marke von dieser
Technik profitierte, war zwar ab 1967 zu haben – allerdings nicht
für den europäischen Markt. Bevor man den Cosmo auf die Räder
stellte, bestand die Modellpalette hauptsächlich aus einem Reigen
innovativer Kleinwagen wie dem Typ 360.

Subaru 360

1972 brachte Subaru erstmals einen
Personenwagen mit Allradantrieb
auf den Markt, doch die Wurzeln
des Automobilbaus gehen zurück bis
1954. Als sich auch in Japan neun
Jahre nach Ende des Zweiten Weltkriegs eine Art Wirtschaftswunder

Hubraum/Zylinder: 356 ccm/2 Zyl.
PS/kW: 16/11,7
Bauzeit: 1958–1962
Stückzahl: –

abzeichnete, wollte Chefingenieur Shinroku Momose die Idee eines
Kleinwagenprojekts realisieren, obwohl der gesetzliche Spielraum
dafür eng gesteckt war: Kleinwagen durften höchstens 3000 mm
lang sein und einen Motor mit maximal 360 ccm haben. Das zweite
Handicap war der Preis – teurer als 400000 Yen (damals etwa
1152 US-Dollar) durfte ein Kleinwagen nicht sein. Mit dem etwas
größeren Subaru 450 – seine Gesamtlänge war auf 3120 mm ange-
wachsen – stieg das Werk auch ins Exportgeschäft ein, und die
speziell für asiatische Märkte bestimmten Wagen erhielten die
Modellbezeichnung Maja.

ZIS 110

Auch wenn der ZIS 110 nur ein
Nachbau des Packard war, orientierte er sich in fast jedem Detail
am originalen Vorbild. So gab es
hydraulische Fensterheber und ein
dreifarbiges Tachoband, jede Menge
Chromschmuck und natürlich eine

Hubraum/Zylinder: 6003 ccm/8 Zyl.
PS/kW: 140/103
Bauzeit: 1946–1956
Stückzahl: –

Radioanlage. Der Innenraumbereich mit zusätzlich montierten
Klappsitzen für Begleitpersonal konnte mittels einer elektrisch zu
bedienenden Trennscheibe vom Fahrerabteil getrennt werden. Das
wesentlichste Unterscheidungsmerkmal aber war die Umstellung
sämtlicher Schrauben und Muttern auf das metrische Gewinde-
system. ZIS baute dieses Auto auch in einer Taxiversion und als
Krankenwagen. Die größte Rarität, ein offenes Cabriolet, blieb
der Regierung vorbehalten, die es für Paradezwecke nutzte.

1960–1975
Zwischen Tradition und Faszination

Audi 100 Coupé

Als Audis neues Erfolgsmodell, der
Typ 100, zwei Jahre Zeit hatte, sich
auf dem Markt zu etablieren, kursierten längst Gerüchte, dass man dem
Vier- bzw. Zweitürer noch ein elegantes großes Coupé an die Seite
stellen wollte. Die dementsprechende

Hubraum/Zylinder: 1871 ccm/4 Zyl.
PS/kW: 115/84,2
Bauzeit: 1970–1976
Stückzahl: 30680

Studie präsentierte das Werk bereits im September 1969 zur Internationalen Automobilausstellung in Frankfurt, doch bis zum Serien-
anlauf und damit zum Abrunden der Modellpalette nach oben hin
sollte noch ein Jahr vergehen – kleinstes Modell im Konzern war
zu dieser Zeit übrigens noch der NSU Prinz 4! Für viele war dieser
Wagen eine perfekte Überraschung: Das schnittige Fastbackcoupé
mit vier komfortablen Sitzen basierte von der Technik her auf einem
verkürzten Unterbau der Limousine.

BMW 1600 Cabriolet

Ein Jahr nach dem erfolgreichen Start des neuen BMW 1600 zeigten die Bayerischen Motorenwerke 1967 auf dem Stand der Frankfurter IAA ein flottes Cabriolet, dessen Aufbau – ohne störenden Überrollbügel! – von der Stuttgarter Karosserie-

Hubraum/Zylinder: 1573 ccm/4 Zyl.
PS/kW: 75/54,9
Bauzeit: 1967–1971
Stückzahl: 1938

schmiede Baur entwickelt wurde. Von der Technik her gab es gegenüber der Limousine keine nennenswerten Unterschiede. Schön sah der offene Wagen ja aus, aber bei einem Anschaffungspreis ab 12 000 Mark grenzte sich der Käuferkreis zusehends ein, was die geringe Stückzahl des Modells erklärt. Es gab aber noch andere Probleme: Der Unterbau des Cabriolets war zu instabil. Eine zweite, 1971 aufgelegte Serie, konnte dieses Problem zwar lösen, doch noch immer machte ein weiterer Schwachpunkt – mangelnder Korrosionsschutz – diesem Modell arg zu schaffen.

BMW 3.0 CSi

🚗 **Mit der Präsentation** des BMW 2000 C im Jahre 1965 nahmen die Bayerischen Motorenwerke ein elegantes Coupé ins Programm, das zwar im Hause entwickelt, aber außer Haus gebaut wurde – bei den renommierten Karmann-Werken in

Hubraum/Zylinder: 2985 ccm / 6 Zyl.
PS/kW: 220 / 161,2
Bauzeit: 1971–1975
Stückzahl: –

Osnabrück. Die Urversion dieses flotten Wagens musste sich schon bald der Modellpflege beugen. Als das Coupé ab 1968 zum 2800 CS herangereift war, hatte es dank der verlängerten Motorhaube und anderen optischen Retuschen eine noch ausgeglichenere Form erhalten. Der ab 1971 gefertigte 3.0 CSi wurde schließlich mit einem durchzugskräftigen Einspritzmotor bestückt – seine an die Hinterachse gebrachte Leistung (200 PS) beschleunigte den eleganten CSi bis auf 220 km/h.

BMW 1600 GT

Der Dingolfinger Unternehmer Hans
Glas, der vor allem durch sein legen-
däres Goggomobil berühmt wurde,
baute nicht nur Kleinwagen, sondern
auch Modelle der Mittelklasse, wie
die Typen 1300 GT und 1700 GT. Die
flotten Coupés, deren Karosserie der

Hubraum/Zylinder:	1573 ccm/4 Zyl.
PS/kW:	105/76,9
Bauzeit:	1966–1968
Stückzahl:	1255

italienische Designer Pietro Frua entworfen hatte, blieben bis 1966
im Programm – jenem Jahr, in dem BMW das angeschlagene Unternehmen übernommen hatte. Unter der Regie von BMW wurde der
1700 GT noch eine Weile weitergebaut, allerdings musste der Wagen
einige Änderungen über sich ergehen lassen: So wurde einerseits die
Frontpartie leicht modifiziert, um den Wagen als BMW identifizieren
zu können – andererseits sollte das Coupé nun mit dem Motor des
BMW 1600 ti bestückt werden, woraus die die Umbenennung in
BMW 1600 GT resultiert.

Ford Capri 2000 GT

Eigentlich sollten Pressefotos über den neuen Ford Capri erst ab Februar 1969 gezeigt werden, doch die Sensationslust um diesen Wagen hatte den Schleier schon zwei Monate früher gelüftet. Ohne Zweifel war es Ford gelungen, mit diesem Wagen

Hubraum/Zylinder:	1988 ccm/6 Zyl.
PS/kW:	90/65,9
Bauzeit:	1969–1972
Stückzahl:	ca. 784000

neue Käuferschichten zu gewinnen. Vor allem bei jüngeren Fahrern, die etwas Sportliches zu einem attraktiven Preis suchten, stand das Gemeinschaftswerk der europäischen Ford-Ableger besonders hoch im Kurs. Die für die EWG-Länder bestimmten Wagen liefen übrigens bei Ford Deutschland vom Band. Mit einer mehr als gut sortierten Modellpalette (es gab sechs Ausstattungsvarianten!) arbeitete sich das flotte Coupé zielstrebig nach oben, bis der Capri I – er war der schönste von allen – 1974 der zweiten Generation Platz machen musste.

Glas 2600 V8 / BMW 3000 V8

Das Goggomobil – ein typischer Kleinwagen der 50er Jahre – machte den Automobilbauer Hans Glas zweifelsohne berühmt. Der Erfolg dieses Wagens ermutigte Glas, seine Modellpalette ständig zu erweitern. Den Kleinwagen folgten bald fortschrittliche Mittelklassewagen und ein aufregendes Oberklasse-Modell. Der 1965 präsentierte Glas V8 war ein luxiöses Coupé, das von einem V8-Motor mobilisiert wurde. Die Maschine entstand nach dem Baukastenprinzip und basierte auf zwei zusammengekoppelten 1,3-Liter-Aggregaten. Die Linienführung des 200 km/h schnellen Wagens hatte der Italiener Pietro Frua entworfen. 1966, nach dem Zusammenbruch der Glas-Werke und der Übernahme durch BMW, wurde das Coupé unter der Regie des neuen Hausherrn noch eine Weile in leicht modifizierter Form weitergebaut.

Hubraum/Zylinder: 2982 ccm/8 Zyl.
PS/kW: 160/117,2
Bauzeit: 1966–1968
Stückzahl: 698

Mercedes-Benz 230 SL

Als Nachfolger des legendären 300 SL stand 1963 zuerst der 230 SL auf dem Genfer Automobilsalon. Das eingangs noch ungewohnte Erscheinungsbild des Sportwagens hob den 230 SL sofort von anderen Fahrzeugen dieser Klasse ab. Sein dominierendes Designmerkmal war ein abnehmbares Coupé-Dach, das sich außerhalb jeglicher Norm zur Fahrzeugmitte hin absenkte. „Pagode" taufte der Volksmund den Sportwagen treffend, weil das Aufsetzdach an die japanische Tempelarchitektur erinnerte. Es sprach sich schnell herum, dass die zweite Generation der SL-Reihe ein wirklicher Reisewagen war – seine Fahrleistungen hatten aber keineswegs zahmen Charakter: 150 PS aus dem 2,3-Liter-Sechszylinder beschleunigten den 230 SL auf 200 km/h.

Hubraum/Zylinder: 2306 ccm / 6 Zyl.
PS/kW: 150 / 109,9
Bauzeit: 1963–1971
Stückzahl: 48912

Mercedes-Benz 230 S

1959 verkaufte Daimler-Benz erstmals mehr als 100000 Personenwagen. Dass diese Zahl erreicht
und künftig nie wieder unterschritten
wurde, lag unter anderem an dem
einschlagenden Erfolg einer neuen
Oberklasse-Limousine, die Daimler-

Hubraum/Zylinder:	2306 ccm / 6 Zyl.
PS/kW:	120/87,9
Bauzeit:	1965–1967
Stückzahl:	–

Benz im selben Jahr vorstellte: Es waren die 220er-Modelle der
Baureihe W 111. Aufgrund ihrer Heckpartie, die mit dezenten
„Flossen" Anklänge an amerikanische Fahrzeuge jener Epoche
zeigte, entstand im Volksmund schnell die Bezeichnung „Heck-
flosse". Die geräumigen Limousinen wurden ausschließlich mit
Sechszylindermotoren angeboten. Im Einführungsjahr standen erst
der Typ 220 (95 PS), der 220 S (110 PS) und die Einspritzversion
220 SE (120 PS) bei den Händlern zur Probefahrt bereit.

Mercedes-Benz 600

Schon Mitte der 50er Jahre machte
sich Daimler-Benz Gedanken darüber, wie wohl ein Nachfolger für den
großen Mercedes-Benz 300 „Ade-
nauer" aussehen könnte. Man wollte
sich für die Entwicklung einer neuen
Luxuslimousine ganz bewusst viel

Hubraum/Zylinder: 6330 ccm/8 Zyl.
PS/kW: 250/183,2
Bauzeit: 1964–1981
Stückzahl: 2677

Zeit nehmen; denn das Auto, das irgendwann in die Fußstapfen des
300er zu treten hatte, musste alles bisher bekannte in den Schatten
stellen. Im September 1963 hatten die Spekulationen der Fachpresse
endlich ein Ende: Daimler-Benz präsentierte anlässlich der Frankfurter IAA den großen Mercedes-Benz 600. Laut Pressemitteilung sollte
der Luxuswagen in erster Linie den „besonderen Verpflichtungen
und Aufgaben führender Persönlichkeiten aus Politik, Wirtschaft,
Wissenschaft und Kultur" gerecht werden.

NSU Ro 80

Das „Auto des Jahres 1967", der mit
einem Zweischeiben-Wankelmotor
ausgestattete Ro 80, setzte neue
Maßstäbe in Straßenlage, Sicherheit,
Komfort und Leistung. Mit der futu-
ristischen und keilförmigen Karosserielinie wurde ein Design kreiert, das

Hubraum: 2 × 497 ccm
PS/kW: 115/84,2
Bauzeit: 1967–1977
Stückzahl: 37 398

in vieler Hinsicht auch noch heute aktuell anmutet. Der Wankel-
motor, der erheblich weniger Bauteile als der herkömmliche Hub-
motor benötigte und sich durch geringeres Antriebsgewicht,
kleineren Raumbedarf und vibrationsarmen Lauf auszeichnete,
machte das Design des Ro 80 mit der flachen Motorhaube erst möglich. Letztlich fiel der Ro 80 der Ölkrise zum Opfer. Die Forderungen
nach sparsamem Umgang mit Energie und nach kleineren Autos
ließen die Produktion des NSU Ro 80 schließlich nicht mehr wirtschaftlich erscheinen.

Opel Diplomat V8

Opels Flaggschiff, der Kapitän, zählte von Anfang an zu den Automobilen, die stets für Bewunderung sorgten – doch das Ende der Fahnenstange war mit diesem Modell längst noch nicht erreicht. In einer Pressemitteilung erklärte man: „Kapitän und

Hubraum/Zylinder: 5354 ccm/8 Zyl.
PS/kW: 190/139,2
Bauzeit: 1964–1968
Stückzahl: –

Admiral – zwei neue Opel-Wagen der Prominentenklasse. Beide repräsentieren den neuen Stil im Autobau, aber jeder wird den Komfortwünschen verwöhnter Autofahrer auf seine Weise gerecht. Mit der sportlich flachen Bugpartie, den prismenförmigen Scheinwerfern und der rassig abschwingenden Hecklinie sind die Neuen hervorragende Repräsentanten weltmännischer Eleganz".

Opel Rallye Kadett

Ein leistungsstarker Motor in einer
Sport-Version der kompakten Mittelklasse – diese Idee setzte Opel bereits
1967 mit dem Modell Rallye Kadett
um. Dieser flotte Wagen basierte auf
der Coupé-Variante der ein Jahr
zuvor lancierten Kadett-B-Baureihe.

Hubraum/Zylinder:	1897 ccm/4 Zyl.
PS/kW:	90/65,9
Bauzeit:	1967–1973
Stückzahl:	–

Anfangs begnügten sich Opels Ingenieure noch mit einer leistungs-
gesteigerten 1,1-Liter-Maschine. Ab 1968 stand ein wesentlich
erfolgreicheres Modell bei den Händlern – zwischenzeitlich hatte
man nämlich das 1,9-Liter-Triebwerk aus dem Opel Rekord in den
Rallye Kadett implantiert. Damit mutierte der handliche Wagen zum
gefragten Sportgerät, wie zahlreiche Siege im Wettbewerbssport
bewiesen: Unter anderem holte sich der Rallye Kadett gleich mehr-
fach einen Klassensieg bei der Rallye Monte Carlo.

Opel GT

Mit einem Experimentalfahrzeug der ganz besonderen Art überraschte Opel 1965 die Fachpresse und Besucher der Internationalen Frankfurter Automobilausstellung. Hier zeigte man ein vom Opel Kadett abgeleitetes Coupé, das mit einem

Hubraum/Zylinder: 1897 ccm/4 Zyl.
PS/kW: 90/65,9
Bauzeit: 1968–1973
Stückzahl: 103373

1900 ccm großen Vierzylindermotor bestückt wurde. Zwar dementierte das Werk anfangs eine eventuell geplante Serienproduktion, doch wie man weiß, wurde die Studie im Laufe der Zeit immer weiterentwickelt und 1968 unter dem Namen Opel GT auf den Markt

gebracht. Die flotte Karosserie, die dem Wagen letztendlich den entscheidenden Pfiff gab, ließ Opel in Frankreich bei Brissoneaux & Lotz fertigen – die Montage des GT erfolgte im Werk Bochum. Obwohl der nur 90 PS starke Motor im krassen Gegensatz zur Optik des Zweisitzers stand, avancierte der GT innerhalb kürzester Zeit zum Verkaufsschlager.

Opel Manta A

Mit dem Manta A feierte 1970 eine der erfolgreichsten Coupé-Familien der europäischen Automobilge-schichte Premiere. Über eine halbe Million Manta-A-Modelle fanden bis 1975 begeisterte Käufer, der Nachfolger (Manta B) schraubte die

Hubraum/Zylinder: 1196 ccm/4 Zyl.
PS/kW: 60/44
Bauzeit: 1970–1975
Stückzahl: ca. 680000

Zahl sogar deutlich über die Millionengrenze. Die Gründe für diese Beliebtheit waren offensichtlich: Eine perfekt gestylte Karosserie ließ den Manta einerseits wie ein rassiges Sport-Coupé erscheinen. Andererseits überzeugte seine Alltagstauglichkeit: es gab fünf Sitz-plätze, einen üppigen Kofferraum, hohen Fahrkomfort und sparsame Motoren. Da sich der Newcomer in keine der üblichen Modellreihen einfügen ließ, entwickelte Opel für diesen Wagen den Begriff Fami-lien-Coupé.

Porsche 911

Wenn es um den beliebtesten oder
auch typischsten aller Sportwagen
geht, wird fast immer der Porsche
911 an erster Stelle genannt. Die
Aussage ist mustergültig bei Umfra-
gen von Fachmagazinen ebenso wie
bei Debatten vom Schulhof bis zur

Hubraum/Zylinder: 1991 ccm/6 Zyl.
PS/kW: 140/102,6
Bauzeit: 1964–1969
Stückzahl: –

Rennstrecke – nicht nur in Deutschland, sondern in vielen Ländern
der Welt. 1963 stellte Porsche den 911 auf der Internationalen Automobilausstellung in Frankfurt zum ersten Mal der Öffentlichkeit vor.
Oder, um korrekt zu sein, den Typ 901. Ein Jahr später erhob jedoch
Peugeot Einspruch und pochte auf sein verbrieftes Recht, dreistellige
Automobil-Kennziffern mit einer Null in der Mitte exklusiv verwen-
den zu dürfen. Porsche lenkte ein, zum Beginn der Serienproduktion
trug der neue Sportwagen die Typenbezeichnung 911.

Porsche 911 Carrera

Für Porsche-Fans war es interessant, die im Rahmen der Modellpflege vorgenommene Hubraumerweiterung zu verfolgen: Sie wuchs in der ersten Generation des 911 von 2,0 auf 2,2 bis hin zu 2,4 Liter. In diesem Zusammenhang tauchte auch bald

Hubraum/Zylinder: 2687 ccm/6 Zyl.
PS/kW: 200/146,5
Bauzeit: 1973–1977
Stückzahl: –

die ergänzende Modellbezeichnung Carrera auf – erstmals 1972: Porsche präsentierte mit der Version Carrera RS 2.7 eine Art Basismodell, das sich hervorragend für den sportlichen Einsatz eignete. Der Begriff stammt übrigens von der legendären Carrera Panamericana, einem spektakulären Straßenrennen, das in den 50er Jahren in Mexiko ausgetragen wurde und dem Hause Porsche schon damals regelmäßig große Sporterfolge brachte.

Porsche 911 Turbo

Für den ersten Porsche 911 legte Firmenchef Professor Ferry Porsche die Vorgaben fest. Dabei wusste er noch nicht, dass sich dieses Konzept auf 3 Liter Hubraum und mehr vergrößern ließ. 1974 – während der Energiekrise! – debütierte plötzlich

Hubraum/Zylinder: 2993 ccm/6 Zyl.
PS/kW: 260/190,5
Bauzeit: 1975–1989
Stückzahl: –

der 911 Turbo 3.0! Der aufgeladene Motor dieses Porsche gab bei 5500 U/min die unvorstellbar hohe Leistung von 260 PS ab. Hier waren eindeutig im Rennsport gewonnene Erkenntnisse eingeflossen; denn in diesem Metier hatte Porsche zwischenzeitlich viele Erfahrungen gesammelt. 1972 beherrschten die über 1000 PS starken Rennsportwagen des Typs 917 die amerikanische Can-Am-Serie – der Porsche 911 Turbo profitierte von dieser Entwicklung, denn er war nun der erste Straßensportwagen, dessen Leistung mithilfe eines Abgasturboladers gesteigert wurde.

Trabant 601

Mit der Einführung des Modells 601 liefen 1964 die Montagebänder für den wohl erfolgreichsten Trabi aller Zeiten an. Seine größere trapezförmig gezeichnete Karosserie ließ die Länge des Plastikautos auf 3560 mm anwachsen. Freundliche Lackierungen brachten Abwechslung in den grauen Trabi-Alltag, doch weil man den 601 kostengünstig bauen musste, war er nichts anderes als nur ein optisches Update des Vorgängers. Obwohl sein Konzept längst auf das Abstellgleis gehörte, geschah 1990, zur Zeit der politischen Wende, das Unglaubliche: Für den in den 60er Jahren auf 26 PS gebrachten Zweitaktmotor hatte zwar die letzte Stunde geschlagen, doch unter dem Engagement von Volkswagen rollten noch einmal Trabis vom Band, die mit dem 1,1-Liter-Vierzylinder des VW-Polo bestückt wurden!

Hubraum/Zylinder: 595 ccm/2 Zyl.
PS/kW: 26/19
Bauzeit: 1964–1990
Stückzahl: ca. 3000000

Volkswagen Käfer Cabriolet 1302

Bereits 1974 endete im Wolfsburger Volkswagenwerk die Produktion des Käfers. Das Werk Emden baute ihn noch bis 1978 und bei Karmann in Osnabrück lief erst am 10. Januar 1979 das letzte Käfer-Cabriolet vom Band. Die nicht sinkende Nachfrage

Hubraum/Zylinder:	1285 ccm/4 Zyl.
PS/kW:	44/32,2
Bauzeit:	1970–1979
Stückzahl:	ca. 155000

in Europa wurde bald aus der mexikanischen Fertigung gedeckt; denn dort gab der Bestseller noch immer Tausenden von Menschen Arbeit. Die mexikanische VW-Tochter hielt den Käfer technisch und optisch auf der Höhe der Zeit und ermöglichte seine Fahrt ins 21. Jahrhundert. Erst mit dem Jahr 2003 neigte sich dort die Produktion ihrem Ende entgegen. Mit der im Juli 2003 im mexikanischen Puebla vorgestellten „Última Edición" endete dann aber unwiderruflich der Mythos Käfer.

Alpine A 110

Jean Rédélé, der Sohn eines französischen Renault-Händlers, kreierte
erstmals in den frühen 50er Jahren
auf der Basis des legendären 4 CV
einen sportlich angehauchten
Wagen, der auf Anhieb das Interesse
der Fachpresse erregte. Rédélé dachte

Hubraum/Zylinder: 1565 ccm / 4 Zyl.
PS/kW: 140 / 102,3
Bauzeit: 1963–1976
Stückzahl: 7160

schon bald über eine Kleinserienfertigung nach und ahnte nicht,
dass die unter seiner Regie modifizierten Automobile mit dem
Markennamen Alpine bald zu einer festen Größe auf dem Sportwagenmarkt werden sollten. 1963, mit dem Debüt des Alpine A 110,
kam der ganz große Durchbruch: Dieses nur 1130 mm hohe Automobil erhielt eine interessant gestylte Kunststoffkarosserie und
basierte zunächst auf der Technik des Renault 8, weshalb die Leistungsabgabe der ersten Serie (48 PS) entsprechend mager war. Dank
intensiver Modellpflege wuchs das Potenzial bis auf 140 PS an –
das reichte für 215 km/h.

Citroen DS 21

Ohne Zweifel veränderte Citroens
sensationeller DS in den 50er Jahren
die Automobilwelt – ein aerodyna-
misch geformter Wagen mit hydro-
pneumatischer Federung war eben
etwas ganz Besonderes. Die Karriere
dieses Automobils, die 1955 als

Hubraum/Zylinder:	2175 ccm/4 Zyl.
PS/kW:	106/77,6
Bauzeit:	1969–1972
Stückzahl:	–

DS 19 begann, setzte sich bis in die 70er Jahre hinein fort. Im Zuge
der Modellpflege sorgte der Jahrgang 1969 für besonders viel Aufmerksamkeit: Als erster französischer Wagen erhielt der DS 21 einen
Motor mit elektronischer Benzineinspritzung, und im Herbst dessel-
ben Jahres lief sogar das millionste D-Modell vom Band! 1972
wurde beim DS, der sich nun DS 23 nannte, noch einmal die Leistung angehoben. Obwohl zu dieser Zeit hinter vorgehaltener Hand
bereits über einen Nachfolger der D-Modelle diskutiert wurde, fand
dieses Spitzenmodell noch viele Käufer.

DB Le Mans

Die beiden französischen Automobil-
konstrukteure Charles Deutsch und
René Bonnet, die unter dem Kürzel
DB firmierten, brachten in den 50er
und 60er Jahren verschiedene Sport-
wagenmodelle auf den Markt, die
von der Technik her auf Automobi-

Hubraum/Zylinder: 848 ccm/2 Zyl.
PS/kW: 52/38,1
Bauzeit: 1960–1962
Stückzahl: ca. 200

len der Marke Panhard basierten. Die wohl interessanteste und letzte
Konstruktion, die die beiden Franzosen gemeinsam entwickelten,
war das Modell Le Mans. Der Le Mans verfügte über eine Kunststoffkarosserie und wurde mit dem Motor des Panhard PL 17 bestückt.
Um die ins Auge gefasste Höchstgeschwindigkeit von mindestens
150 km/h erreichen zu können, wurde die Leistungsabgabe des
Panhard-Aggregats durch Tuning erst einmal angehoben. Von
den damals etwa 200 gebauten Fahrzeugen ist heute noch etwa
ein Dutzend existent.

Matra Djet V

René Bonnet, der schon in den 50er
Jahren gemeinsam mit seinem Partner Charles Deutsch sportlich ange-
hauchte Wagen auf der Basis des
französischen Panhards auf die
Räder stellte, brachte sein Wissen
und Potenzial 1964 in die Firma
Matra ein, wo man einen weiteren nach seinen Ideen konstruierten
Sportwagen realisierte. Dieses Matra Djet genannte Modell wurde
als Mittelmotor-Sportwagen konzipiert und besaß eine relativ flache
Kunststoffkarosserie. Obwohl Matra den Djet nur mit Vierzylinder-
motoren der 1,1- bzw. 1,2-Liter-Klasse bestückte, zierte diesen
Wagen ein Interieur, das man eher in einem teuren italienischen
Automobil vermutet hätte. Während es sich bei dem Unterbau des
Djet (Gitterrahmenkonstruktion) um eine Eigenentwicklung han-
delte, wählte Bonnet als Antriebsaggregat einen Großserienmotor
von Renault.

Hubraum/Zylinder:	1255 ccm/4 Zyl.
PS/kW:	72/52,7
Bauzeit:	1964–1968
Stückzahl:	1681

Peugeot 404 Cabriolet

Mit der Markteinführung des Peugeot 404 im Jahre 1960 – zuerst als viertürige Limousine – war die Zeit für den inzwischen leicht betagten, aber immer noch gebauten Peugeot 403 längst noch nicht abgelaufen. Das Werk positionierte den neuen 404

Hubraum/Zylinder:	1618 ccm/4 Zyl.
PS/kW:	72/52,7
Bauzeit:	1961–1966
Stückzahl:	10380

ebenfalls in der Mittelklasse, aber nicht als hauseigenen Konkurrenten. Die Karosserielinie des 404 war nämlich wesentlich moderner gezeichnet. Hier gaben nicht gerundete Kanten, sondern trapezförmige Stilelemente den Ton an. Technisch von der Limousine abgeleitet, aber mit einem noch eigenständigeren Design versehen, präsentierte man im Oktober 1961 auf dem Pariser Salon die zweitürige Cabrio-Ausgabe des 404. Das Cabrio wurde serienmäßig mit einem 1,5-Liter-Vergasermotor bestückt, war auf Wunsch aber auch mit einem 1,6-Liter-Einspritzmotor zu haben.

AC Cobra 427

Fachjournalisten bezeichnen den 427 noch heute als das brutalste Stück Auto, das je für den öffentlichen Verkehr zugelassen wurde. Dieses Modell unterschied sich nicht nur optisch (bauchigere Kotflügel, breitere Bereifung), sondern auch tech-

Hubraum/Zylinder: 6997 ccm/8 Zyl.
PS/kW: 425/311,3
Bauzeit: 1965–1968
Stückzahl: 410

nisch von den kleineren Cobra-Typen. Um den vor Kraft strotzenden Wagen sicher auf der Straße halten zu können, wurde das Chassis (Radstand 2290 mm) noch einmal überarbeitet. Anstelle von Querfedern stimmte man den Unterbau jetzt mit Schraubenfedern ab und verbreiterte gleichzeitig die Spur, was dem 427 ausgezeichnet stand. Eine Spitzengeschwindigkeit von 240 km/h konnte bereits in der kleinsten Motorisierungsstufe garantiert werden – die Leistungsabgabe von 425 PS war nur ein Mindestwert.

Ashley

Englands legendärster Kleinwagen, der Austin Seven, begeisterte die Briten bis weit in die 50er Jahre hinein. Deshalb versuchten einige Tüftler, den an und für sich veralteten Wagen mit einer modernen Karosserie wieder attraktiv zu machen. Unter

Hubraum/Zylinder: 747,5 ccm/4 Zyl.
PS/kW: 17,5/12,8
Bauzeit: 1958–1959
Stückzahl: –

anderem nahm sich die Firma Ashley Laminated des Seven an und entwickelte für ihn einen Kunststoffaufbau in Form einer Sportwagen-Karosserie. Dieser Karosseriekörper hätte sich ohne weiteres auf dem A-förmigen Rahmen des kleinen Austin montieren lassen, doch man hielt es für notwendig, den Rahmenunterbau erst einmal zu verbessern. Natürlich standen die flotten Karosserielinien des Ashley im krassen Gegensatz zu dem, was der Wagen leistete – unter der Haube werkelte nach wie vor der kleine 750-ccm-Motor.

Aston Martin DB 5

Schon immer bestimmten finanzielle Schwierigkeiten den Firmenalltag bei Aston Martin. Als 1947 der Industrielle David Brown das angeschlagene Unternehmen übernommen hatte, lancierte man unter seiner Regie die berühmte DB-Baureihe, wobei dieses Kürzel natürlich für David Brown stand. Nach DB 1, DB 2 und DB 4 stellte man mit dem Modell DB 5 ein Objekt der Begierde auf die Räder, denn dieses Automobil wurde in einem Kinofilm durch Mr. James Bond alias 007 weltberühmt. Die Öffentlichkeit konnte den DB 5 bereits 1963 auf der Frankfurter IAA bestaunen. Unter der Haube des eleganten Coupés arbeitete übrigens der gleiche Motor, der auch Lagonda-Automobile auf Trab brachte – diese Marke gehörte in der Zwischenzeit nämlich auch David Brown.

Hubraum/Zylinder:	3995 ccm/6 Zyl.
PS/kW:	282/206,6
Bauzeit:	1963–1965
Stückzahl:	1063

Aston Martin DBS V8

1967 überraschte Aston Martin die
Fachpresse mit einem relativ glatt-
flächig gestylten Modell. Dieser neue
Typ DBS wurde vorerst noch von
dem bekannten Sechszylindermotor
angetrieben – 1969 erfolgte der
Umstieg auf ein sportliches V8-

Hubraum/Zylinder: 5340 ccm/8 Zyl.
PS/kW: 340/249
Bauzeit: 1969–1972
Stückzahl: 405

Aggregat mit 2×2 obenliegenden Nockenwellen. Anders als DB 5
und DB 6 wurde der DBS als vollwertiger Viersitzer ausgelegt.
Um das zu ermöglichen, verlängerte man abermals den Radstand
(nun 2610 mm) und brachte den Wagen auf eine Gesamtlänge von
4590 mm. Die bis 1969 gebauten Sechszylinder-Versionen brachten
es auf eine Höchstgeschwindigkeit von „nur" 240 km/h. Die Idee,
sich ab Ende 1969 von diesem Aggregat zu trennen, war eine gute
Entscheidung: Mit einem V8-Motor bestückt, kletterte die Tacho-
nadel bis zur 273 km/h-Markierung.

Bond Bug

Neben einigen Mitbewerbern, die
ebenfalls mit Kleinwagen ihr Geld
verdienten, musste Bond nur vor
dem Konkurrenten Reliant den Hut
ziehen. Zumindest bis 1969, jenem
Jahr, in dem die beiden Produzenten
fusionierten. Als Ergebnis dieser

Hubraum/Zylinder: 701 ccm/4 Zyl.
PS/kW: 29/21,2
Bauzeit: 1970–1975
Stückzahl: –

Fusion präsentierte man den neuen Bond Bug, und das heißt übersetzt „Wanze". Damit niemand die keilförmige Wanze übersehen
konnte, trat sie in der Schockfarbe der 70er Jahre auf – in orange.
Zwar gab es den von 1970 bis 1975 gebauten Bug in unterschiedlichen Versionen, doch von der Motorleistung abgesehen, sahen
alle Wanzen gleich aus. Im Gegensatz zu den zweitaktenden Bonds
der 60er Jahre bestückte man den neuen Wagen mit einem wassergekühlten Vierzylinder, der seinen Platz im Innenraum zwischen
den beiden Vordersitzen einnahm.

Jaguar E-Type Series 1

Das Design des E-Type stammte von Malcolm Sayer, der den E-Type aus dem D-Type heraus entwickelte. Der E-Type debütierte im März 1961 auf dem Genfer Automobilsalon, und Jaguar sorgte zum wiederholten Male für eine weltweite Sensation.

Hubraum/Zylinder: 3781 ccm/6 Zyl.
PS/kW: 265/196,3
Bauzeit: 1961–1964
Stückzahl: ca. 15 700

Der schlanke Zweisitzer, ästhetisch wie funktional überzeugend, setzte Maßstäbe in vielerlei Hinsicht. Die von Bob Knight neu entwickelte Hinterradaufhängung verlieh dem Sportwagen exzellente Fahreigenschaften und eine sichere Straßenlage. Als Antriebsaggregat besaß der E-Type den Sechszylindermotor seines Vorgängers mit 3,8 Liter Hubraum und 265 PS. Mit einem Fahrzeuggewicht von nur 1168 kg lief der Wagen fast 240 km/h schnell und beschleunigte von 0 auf 100 km/h in knapp sieben Sekunden.

Jaguar E-Type Series 2

Mit der Präsentation des E-Type
etablierte sich Jaguar 1961 definitiv
in der Weltspitze des Automobilbaus.
Wie nur wenige Modelle in der
Automobilgeschichte faszinierte der
rassige Sportwagen vom ersten Tag
an Publikum und Fachleute gleicher-

Hubraum/Zylinder:	4235 ccm/6 Zyl.
PS/kW:	265/194,1
Bauzeit:	1968–1971
Stückzahl:	18820

maßen. Obwohl seine Produktion bereits 1974 auslief, wird der
E-Type noch heute von vielen Menschen automatisch mit der Marke
Jaguar gleichgesetzt. Seine Position als Ikone des Automobilbaus
dokumentierte 1996 auch das Museum of Modern Art in New York,
das den E-Type in Cabrio-Ausführung als nur eines von drei bedeu-
tenden Automobilen in seine Dauerausstellung aufnahm. Während
seiner Bauzeit bereitete der E-Type nicht nur dem Privatfahrer ein
sportliches Vergnügen – etliche Teams setzten den E-Type auch
erfolgreich im Motorsport ein.

Jaguar E-Type Series 3

Im März 1971 wurde für die Fan-gemeinde des E-Type ein Traum der besonderen Art Wirklichkeit: Endlich arbeitete unter der langen Haube des Sportlers ein V12-Motor mit 5,3 Liter Hubraum! Die Umstellung von sechs auf zwölf Zylinder war genau ge-nommen schon mehr als überfällig: Jaguar durfte auf keinen Fall den Anschluss an die Konkurrenz verlieren, und die setzte schon seit langem auf enorme Leistungssteigerungen. Was die Enthusiasten aber ein wenig störte, war die Entscheidung, dass der E-Type von nun an auf dem langen Radstand (2670 mm) basierte. Das wirkte sich vor allem negativ auf das Erscheinungsbild des Cabriolets aus, doch man gewöhnte sich daran. Laut Statistik bereicherten übrigens 87 Prozent aller gebauten E-Type den Exportmarkt, der Rest rollte auf britischen Straßen.

Hubraum/Zylinder: 5354 ccm / 12 Zyl.
PS/kW: 276/202,2
Bauzeit: 1971–1974
Stückzahl: 15287

Jaguar XJ 6

Die Präsentation der ersten Generation der XJ-Baureihe fand am
26. September 1968, dem Vorabend
der Londoner Motor Show, statt.
Rückblickend kann man sagen, dass
für Jaguar damit ein neues Zeitalter
begann. Die Formgebung der zeitlos

Hubraum/Zylinder:	4235 ccm/6 Zyl.
PS/kW:	205/150,2
Bauzeit:	1968–1972
Stückzahl:	78891

schönen Limousine stammte noch weitgehend von Sir William
Lyons, dem Gründer und damaligen Chef des Hauses Jaguar. Die
ursprünglich interne Projektbezeichnung XJ stand für „experimental
Jaguar". Die englische Presse war vom neuen Jaguar XJ auf Anhieb
begeistert und lobte das Modell in den höchsten Tönen. Die traditio-
nellen Jaguar-Attribute wie Stil, Sportlichkeit, Leistung und Komfort
verbanden sich im XJ mit moderner Technik und Laufkultur. Angeboten wurde der Jaguar XJ zunächst mit dem bewährten 4,2-Liter-
XK-Motor mit Doppelvergaser, der 205 PS leistete.

Lotus Seven Serie 1

Colin Chapman, der berühmte Konstrukteur und Fabrikant von Lotus-
Renn- und Sportwagen, beschäftigte
sich schon 1947 mit dem Bau eines
kleinen Sportwagens, der auf dem
legendären Austin Seven basierte.
Der Erfolg motivierte ihn, seinen

Hubraum/Zylinder: 1172 ccm/4 Zyl.	
PS/kW: 40/29,3	
Bauzeit: 1957–1970	
Stückzahl: –	

„Feierabend-Betrieb" ab 1957 in eine richtige Fabrik umzuwandeln
und eine Serienfertigung zu starten. Da man in England für ein Bau-
satzauto weniger Steuern zahlen musste, brachte Chapman seinen
Lotus Seven auch als Kit auf den Markt – wer technisch weniger
begabt war, aber auf den Fahrspaß eines Lotus Seven nicht verzichten wollte, bestellte sich den leichten Zweisitzer mit Aluminium-
karosserie fertig montiert. Für spätere Versionen favorisierte Chapman anstelle des Leichtmetallaufbaus eine Kunststoffkarosserie.

MG Typ B

1962 wurde der MG A durch das
Nachfolgemodell MG B ersetzt.
Dieser offene Sportwagen mit selbst-
tragender Karosserie erschien drei
Jahre später auch als bildhübsches
Coupé mit Schrägheckkarosserie.
Während MG 1968 die Fertigung der

Hubraum/Zylinder:	1798 ccm/4 Zyl.
PS/kW:	95/69,6
Bauzeit:	1974–1980
Stückzahl:	–

großen Magnette-Limousine einstellte, sorgte der MG B zusammen
mit dem kleinen Midget weiter für Produktionsrekorde. Beide
Modelle wurden auch im Wettbewerbssport eingesetzt, wobei allerdings der MG B öfter die Nase vorn hatte. Der mit einem Vierzylindermotor bestückte MG B verkaufte sich außerordentlich gut – eine
von 1967 bis 1969 gebaute Variante mit sechs Zylindern ließ sich
hingegen nur 900 Mal an den Mann bringen. 1974 erhielt der MG B
im Rahmen eines letzten Faceliftings Stoßstangen aus Kunststoff –
diese Version blieb bis zum Produktionsende 1980 im Programm.

Morgan Plus 8

Mit der Vorstellung des Morgan Plus 8 schlug das Herz aller Morgan-Fans ohne Zweifel höher: Dieser 1968 präsentierte Wagen profitierte nämlich von einem bulligen V8-Zylindermotor aus dem Hause Rover. Da die moderne Maschine der 3,5-Liter-

Hubraum/Zylinder:	3532 ccm/8 Zyl.
PS/kW:	184/134,8
Bauzeit:	ab 1968
Stückzahl:	–

Klasse aus Leichtmetall gefertigt wurde und der Morgan nur 850 kg auf die Waage brachte, eröffneten sich für Morgan-Fahrer von nun an ganz neue Perspektiven – endlich konnte die magische Grenze von 200 km/h durchbrochen werden! Damit der Morgan diesem Leistungsplus gewachsen war und eine akzeptable Straßenlage erhielt, verlängerte man den Radstand geringfügig und erweiterte die Spurbreite auf 1260 mm. Kenner identifizierten den Plus 8 schon von weitem – er rollte serienmäßig auf elegant gestylten Leichtmetallfelgen.

Triumph TR 6

Der zu Beginn des Jahres 1969 präsentierte TR 6 orientierte sich zweifelsohne an der schon für den TR 4 entwickelten Karosserielinie. Sie entstand ursprünglich in Italien bei Michelotti und wurde für den TR 6 noch einmal überarbeit – allerdings bei Karmann in Deutschland. Viel durfte man nicht tun, denn der Aufbau musste aus Kostengründen weiterhin auf das betagte Kastenrahmenchassis passen. Triumph stattete den TR 6 mit einem holzgemaserten Armaturenbrett aus, dessen Kanten aus Sicherheitsgründen weich eingefasst wurden, außerdem erhielt das Lenkrad eine gepolsterte Nabe. Das Wichtigste aber, was den TR 6 für Enthusiasten interessant machte, war der Übergang vom Vierzylinder- zum Sechszylindermotor – 143 PS brachten den Wagen nun auf 200 km/h.

Hubraum/Zylinder: 2498 ccm / 6 Zyl.
PS/kW: 143 / 104,7
Bauzeit: 1969–1976
Stückzahl: 94 619

Alfa Romeo Spider

1966, mit dem Debüt eines neuen
Spiders, setzte Alfa Romeo zwar die
Tradition des alten Giulietta-Spiders
lückenlos fort, doch es war für viele
Enthusiasten nicht leicht, sich an
das neue Design zu gewöhnen. Der
Duetto oder wegen seiner Heckform

Hubraum/Zylinder:	1570 ccm/4 Zyl.
PS/kW:	92/67,3
Bauzeit:	1966–1982
Stückzahl:	–

auch Rundheck-Spider genannte Wagen erhielt deshalb im Zuge der
Modellpflege ab dem Jahrgang 1970 ein überarbeitetes Hinterteil.
Das neue Heck mit Abrisskante machte den Spider nur bedingt
attraktiver, aber den ständig steigenden Verkaufszahlen nach ließ
sich mit diesem Design jetzt leben. Das Schönste an dem Wagen war
vielleicht die Tatsache, dass man ihn in vielen Motorisierungsstufen
ordern konnte, und zwar als Spider 1300 Junior, 1600, 1750 und
2000.

Alfa Romeo Montreal

Die 70er Jahre begannen im Hause Alfa Romeo gleich mit einer Sensation: Es erschien der spektakuläre V8-Sportwagen namens Montreal, dessen Form aus der Hand des Bertone-Zeichners Marcello Gandini stammte. Der Montreal war eine

Hubraum/Zylinder:	2593 ccm/8 Zyl.
PS/kW:	200/146,5
Bauzeit:	1970–1975
Stückzahl:	3925

Weiterentwicklung eines schon 1967 gezeigten Mittelmotor-Wagens – es brauchte noch etwas Zeit, um aus dem eher für den Rennsport gedachten Prototypen einen humanen Straßensportwagen zu machen. Das mit einem Leichtmetallmotor (2×2 obenliegende Nockenwellen!) bestückte Coupé rollte auf sportlichen Leichtmetallfelgen und sollte vor allem Käufer ansprechen, die eine Alternative zu einem Porsche oder Ferrari Dino suchten – entgegen aller Erwartungen verkaufte sich der Wagen mehr schlecht als recht.

Autobianchi Bianchina Cabriolet

Die italienische Marke Bianchi, die
1955 gemeinsam mit Fiat und dem
Reifenhersteller Pirelli noch einmal
als Autobianchi SpA neu gegründet
wurde, spezialisierte sich auf den
Bau von individuellen Kleinwagen,
die vom Konzept her den Fiat-Mo-

Hubraum/Zylinder: 500 ccm/2 Zyl.
PS/kW: 21/15,4
Bauzeit: 1960–1970
Stückzahl: ca. 9000

dellen 500 und 600 entsprachen. Mit dem Bianchina Special Cabriolet debütierte 1960 das luxuriöseste und eleganteste Fahrzeug, das
es jemals auf Fiat-500-Basis gegeben hat. Das nur 3040 mm kurze
Cabrio (2 Zylinder; 500 ccm; 21 PS) mit viel Chromschmuck und
modernen pfostenlosen Kurbelfenstern stieß prinzipiell auf Begeiste-
rung – nicht nur in Italien! Auch in der abgewandelten Form als
kleiner Kombi (Modell Panoramica) machte das Auto bis 1970 eine
gute Figur.

Autobianchi Stellina

Auf dem Turiner Salon 1963 präsentierte Autobianchi das Modell Stellina, eine weitere Edelausgabe auf Basis des zuverlässigen Bestsellers Fiat 600. Obwohl die strömungsgünstige zweisitzige Kunststoffkarosserie mit abfallender Frontpartie den Motor unter der vorderen Haube vermuten ließ, wurde das wassergekühlte Vierzylinder-Aggregat (767 ccm; 25 PS) dem Fiat entsprechend natürlich im Heck platziert – der relativ flache Stauraum unter der vorderen Haube ließ sich als Kofferraum nutzen. Mit einer Höchstgeschwindigkeit von nur 115 km/h war der Stellina allerdings nicht so flott wie er aussah. Nur wenige Enthusiasten konnten sich für ihn begeistern. Als 1967 gerade noch 12 Exemplare abgesetzt werden konnten, stellte man die Produktion ein.

Hubraum/Zylinder:	767 ccm/4 Zyl.
PS/kW:	25/18,3
Bauzeit:	1963–1967
Stückzahl:	–

Dino 246 GT

Schon 1965 zeigte Ferrari auf dem Pariser Salon eine Stilstudie in Form eines kleinen Mittelmotor-Sportwagens, der von einem V6-Motor mobilisiert wurde. In einer ständig weiterentwickelten Form ging der elegante Flitzer 1967 endlich in Serie. Er nannte sich zunächst Dino 206 GT. Nur 150 Exemplare wurden bis 1969 gebaut. Erst in der zweiten Auflage – als Dino 246 GT mit mehr Power unter der Haube – gelang dem Coupé der große Durchbruch. Die italienische Fachpresse, die den Wagen mit der bildhübschen Pininfarina-Karosserie ausgiebig testete, erkannte im 246 GT sofort einen Konkurrenten zum Porsche 911. Weil die Fahrleistungen beider Wagen in etwa identisch waren, setzte bald auch in Deutschland der Boom nach der italienischen Alternative ein.

Hubraum/Zylinder: 2418 ccm/6 Zyl.
PS/kW: 190/139,2
Bauzeit: 1969–1974
Stückzahl: 3883

Ferrari 250 GTO

Mit dem 250 GTO brachte Ferrari einen Wagen auf den Markt, den man zwar auf öffentlichen Straßen bewegen durfte, doch das wahre Zuhause dieses Modells war eher die Rennpiste. Der 250 GTO war einerseits das Ergebnis der konsequenten

Hubraum/Zylinder: 2953 ccm/12 Zyl.
PS/kW: 300/219,8
Bauzeit: 1962–1964
Stückzahl: 36

Weiterentwicklung der Berlinetta 250 GT, andererseits schielte man bei der Konstruktion auf den Testa Rossa Rennsportwagen. Ähnlich dem Testa Rossa, saß der Motor beim 250 GTO tief im Rohrrahmen. Das wurde möglich, weil dieses Aggregat dank einer Trockensumpfschmierung auf eine Ölwanne verzichten konnte. Von dieser Platzierung profitierte in erster Linie der Karosserieaufbau, denn Stardesigner Pininfarina machte sich diesen Kunstgriff zunutze, indem er den Karosseriekörper relativ flach und stromliniengünstig gestaltete.

Ferrari 275 GTB N.A.R.T. Spider

Der neue Ferrari 275 GTB erlebte
bereits nach kurzer Zeit seine erste
größere Modifikation, denn bei
Geschwindigkeiten jenseits von
200 km/h wurde der Bug des Wagens
zu leicht. Er lag unruhig auf der
Straße und verlangte vom Fahrer

Hubraum/Zylinder:	3286 ccm/12 Zyl.
PS/kW:	300/219,8
Bauzeit:	1966–1968
Stückzahl:	10

höchste Konzentration und permanente Lenkkorrekturen. Ein
optischer Kunstgriff in Form einer verlängerten Frontpartie besei-
tigte das Problem letztendlich. Die verlängerte Front verbesserte
aber nicht nur den Geradeauslauf, sie sorgte auch für ein noch in-
teressanteres Erscheinungsbild dieses Vollblutsportwagens. Ferrari
baute den 275 GTB zwar noch in einer Spider-Version, doch die war
stilistisch vollkommen anders geartet. Eine weitaus interessantere
Spider-Ausführung entstand in den USA bei dem dortigen Ferrari-
Importeur Luigi Chinetti. Er nannte seine Kreation 275 GTB N.A.R.T.
Spider (für North American Racing Team).

Ferrari 365 GTB/4

🚗 **1967 überquerten drei** Ferrari P-4 Rennwagen gemeinsam die Ziellinie beim Daytona-Beach-Rennen in Florida. Als im Herbst des nächsten Jahres ein neuer Straßensportwagen präsentiert wurde, war der Sieg einigen Journalisten wohl noch im Gedächtnis – sie nannten den Neuling einfach nur „Daytona". Haus-intern hörte der grandiose Zwölfzylinder allerdings auf das Kürzel 365 GTB/4. Die Ziffernfolge 365 definierte, wie bei Ferrari üblich, den Hubraum eines einzelnen Zylinders – das machte für den 365 GTB/4 in der Summe 4,4 Liter Hubvolumen. GTB stand für Gran Turismo Berlinetta und die Ziffer 4 verwies auf die vier oben-liegenden Nockenwellen des Aggregats. Der bullige Zwölfzylinder, der den 365 GTB/4 auf die atemberaubende Höchstgeschwindigkeit von 275 km/h brachte, wurde übrigens von sechs Doppelvergasern beatmet.

Hubraum/Zylinder: 4390 ccm / 12 Zyl.
PS/kW: 352 / 257,8
Bauzeit: 1968–1973
Stückzahl: 1245

Fiat X 1/9

Nur selten haben Automobilhersteller
den Mut, einen Wagen in Serie
zu bauen, der vom Konzept her
ursprünglich nur als Designstudie
gedacht war. Dem kleinen Mittelmotor-Sportwagen Fiat X 1/9 erging
es nicht anders. Er war zuerst nicht
mehr als ein interessantes Concept-Car des Karosseriebauers
Bertone, das ab 1972 bei Fiat glücklicherweise realisiert werden
konnte. Die motortechnische Ausgangsbasis bildete ein Vierzylinder-
Reihenmotor, der den X 1/9 etwa 175 km/h flott machte. Dank
dieses Aggregats profitierte der Wagen von einer relativ günstigen
Versicherungsklasse, und genau das machte ihn für jüngere Fahrer
interessant und begehrenswert. Während Fiat die Produktion 1982
einstellte, führte Bertone die Fertigung im Alleingang noch bis
1989 fort.

Hubraum/Zylinder: 1290 ccm/4 Zyl.
PS/kW: 75/55
Bauzeit: 1972–1982
Stückzahl: ca. 180000

Iso Grifo GL 365

🚗 **Bekannt wurde die Firma Iso** eigentlich schon durch ihre spektakuläre Kleinwagenkonstruktion, die als Lizenz an BMW verkauft wurde und dort als BMW Isetta vom Band lief. Damit war das Thema Automobilbau für Isos Firmenchef Renzo Rivolta

Hubraum/Zylinder:	5354 ccm/8 Zyl.
PS/kW:	365/267,3
Bauzeit:	1965–1966
Stückzahl:	–

aber längst noch nicht abgehakt – Rivolta strebte nach Höherem und präsentierte 1962 mit dem Iso Rivolta IR 300 ein weiteres Automobil. Das mit einem Chevrolet-Motor (V8) bestückte Coupé sollte in der Sportwagenklasse für Aufmerksamkeit sorgen, doch es dauerte noch eine Weile, bis sich Rivolta am Ziel seiner Träume sah – der Durchbruch kam erst ein Jahr später mit dem Modell Grifo. Das Design des Coupés wurde übrigens nicht nur von Bertone entworfen, auch die Herstellung der Karosserie erfolgte im Hause des Karosseriebauexperten.

Lamborghini 350 GTV

Nachdem sich Ferruccio Lamborghini zunächst im Traktoren-, Ölbrenner- und Klimaanlagenbau einen Namen in der italienischen Nachkriegs-Industriegeschichte schaffte, gründete er 1963 seine Automobilfirma in Sant Agata. Der Legende nach war Sportwagenfan Lamborghini zuvor bei Enzo Ferrari vorstellig geworden, um Verbesserungsvorschläge für dessen Fahrzeuge zu unterbreiten, was Ferrari sich von einem Traktorenhersteller natürlich verbeten hatte. Als Reaktion darauf holte Lamborghini zum Gegenschlag aus und präsentierte bald einen ersten eigenen Wagen, den 350 GTV. Damit nahm der Mythos seinen Lauf, und niemand hatte damals gedacht, dass einmal die Prominenz Schlange stehen würde, um einen Lamborghini zu kaufen.

Hubraum/Zylinder: 3497 ccm / 12 Zyl.
PS/kW: 360 / 263,7
Bauzeit: 1963
Stückzahl: 2

Lamborghini Miura P 400

Im März 1966 wurde auf dem Genfer
Salon mit dem grandiosen neuen
Miura nicht nur das automobile
Symbol einer Epoche, sondern auch
der Traum aller Sportwagen-Enthusi-
asten vorgestellt. Die Entstehungs-
geschichte des Miura – er wurde

Hubraum/Zylinder: 3929 ccm/12 Zyl.
PS/kW: 320/234,4
Bauzeit: 1966–1969
Stückzahl: 475

nach einem Kampfstier benannt! – begann bereits 1964, als Lamborghinis Techniker Dallara, Stanzani und Wallace ihrem Chef ein neues
Chassis präsentierten, auf dem man den Motor mittig und quer zur
Fahrtrichtung platziert hatte. Dieses Chassis sorgte ein Jahr später
für viel Wirbel unter Italiens Karosseriebauern; denn jeder wollte es
einkleiden. Letztendlich erhielt Bertone den Zuschlag – er entwarf
das für die Serienfertigung mustergültige Design. Noch heute findet
diese Linie Beachtung; denn das Museum of Modern Art in New
York hat den Miura inzwischen zur automobilen Ikone erklärt.

Lamborghini Countach LP 400

Lamborghinis begnadete Techniker Paolo Stanzani und Marcello Gandini entwickelten für den Modelljahrgang 1971 etwas ganz Besonderes – den vom Motorsport inspirierten Prototyp Countach LP 500. Der Wagen, der sein Debüt auf

Hubraum/Zylinder: 3929 ccm/12 Zyl.
PS/kW: 375/274,7
Bauzeit: 1974–1978
Stückzahl: 150

dem Genfer Salon feierte, sollte allen Sportwagenfans gerecht werden, die sich erst im extremen Hochgeschwindigkeitsbereich wohl fühlten. Der LP 500 – praktisch ein Alu-Körper in dynamischer Keilform und mit extrem stabiler Straßenlage – sollte in abgewandelter Form (LP 400) tatsächlich bald die Grundlage für ein neues Serienmodell bilden, das in fünf Sekunden von 0 auf 100 km/h beschleunigen konnte. Die Höchstgeschwindigkeit des Countach LP 400 wurde vom Werk mit 300 km/h angegeben – in Wahrheit lag sie aber „nur" bei etwa 290 km/h.

Lancia Flavia Coupé

Genau wie die viertürige Limousine
war auch die zweitürige Coupé-Aus-
gabe des Flavia ein fortschrittlicher
Wagen mit Frontantrieb und Scheibenbremsen. Im Rahmen der Modellpflege wurde die Hubraumgröße
seit 1960 etappenweise angehoben,
parallel dazu gab es eine Leistungssteigerung. Bevor im März 1967
die zweite Serie aller Flavia-Versionen vom Band lief, wurde erst
einmal das Interieur gründlich überarbeitet. Neben bequemeren Sitzen mit verbessertem Seitenhalt zählten zusätzlich Verankerungen
für Sicherheitsgurte zum Standard, außerdem gab es gegen Aufpreis
eine heizbare Heckscheibe. Von der Optik her wurden die Doppel-
scheinwerfer etwas tiefer platziert, was dem Wagen eine niedrigere
Gürtellinie und mehr Eleganz verlieh.

Hubraum/Zylinder:	1800 ccm / 4 Zyl.
PS/kW:	92 / 67,4
Bauzeit:	1967–1969
Stückzahl:	–

Maserati Merak

Schon **1968 begann** zwischen Citroen und Maserati eine Zusammenarbeit, die der Autowelt nicht nur den aufregenden Citroen SM, sondern auch den Maserati Merak bescherte. So ist es nicht verwunderlich, dass Maserati für das eine oder andere Teil, das

Hubraum/Zylinder: 2965 ccm / 6 Zyl.
PS/kW: 220 / 161,1
Bauzeit: 1972–1983
Stückzahl: ca. 1800

in dem Wagen verbaut wurde, auf das Ersatzteillager des französischen Partners zurückgriff. Andererseits revanchierte sich Maserati damit, dass der V6-Motor, der den Merak auf Trab brachte, auch im Citroen SM genutzt werden konnte. Neben der Standardversion mit 3 Liter Hubraum stellte Maserati eigens für den italienischen Markt noch eine 2-Liter-Version auf die Räder. Trotz ungenügender Laufkultur und mangelnder Zuverlässigkeit verkaufte sich das Mittelmotor-Coupé recht gut – für einen Maserati war es nämlich ausgesprochen preiswert.

Vignale Gamine

Wer wollte, konnte schon in den 60er Jahren seinen Traumwagen per Katalog ordern – und zwar beim Otto-Versand. Der wickelte auch die Garantieansprüche ab, doch für die Inspektion musste man einen Fiat-Händler besuchen, denn der Wagen

Hubraum/Zylinder:	499 ccm/2 Zyl.
PS/kW:	18/13,2
Bauzeit:	1967–1969
Stückzahl:	ca. 50

aus dem Katalog war eigentlich ein Fiat, auch wenn er offiziell Vignale Gamine hieß! Das interessante Wägelchen basierte auf der Bodengruppe des Fiat 500 und wurde mit einer Sonderkarosserie bestückt, die Alfredo Vignale, ein im italienischen Grugliasco ansässiger Designer, entworfen hatte. Der elegante Kühlergrill, der an die Zeit der 30er Jahre erinnert, ist übrigens nur eine Attrappe. Ein Bestseller wurde der Fahrspaß aus dem Katalog allerdings nicht – nur 50 Käufer konnten sich für den damals 4000 Mark teuren Vignale begeistern.

Saab Sonett II

Nachdem Saabs Entwicklungsinge-
nieur Rolf Mellde mit dem Sonett I
bereits einen kleinen sportlichen
Roadster auf die Räder gestellt hatte,
sollte es noch eine Weile dauern, bis
dieser Versuchsträger in abgewandelter Form als Serienfahrzeug
(Sonett II) bei den Händlern stand. In dieser Zeit wurde aus dem
offenen Wägelchen ein handliches Fastbackcoupé mit niedriger
Gürtellinie, die im Bereich der Hinterräder anstieg. Um ein möglichst
geringes Gewicht zu erzielen, fertigte Saab den Karosseriekörper
des Sonett aus Kunststoff, arbeitete aber aus Gründen der Stabilität
einige Stahlverstrebungen ein. Im Vergleich zu den Saab-Limousi-
nen rollte der zweisitzige Sonett auf einem um 350 mm verkürzten
Unterbau mit nur 2150 mm Radstand.

Hubraum/Zylinder: 841 ccm/3 Zyl.
PS/kW: 60/44
Bauzeit: 1966–1970
Stückzahl: 258

Volvo P 1800

🐾 **Auf der Automobilausstellung** in
Brüssel präsentierte Volvo 1961
ein völlig neues Automobil, einen
Sportwagen. Dieser P 1800 genannte
Zweitürer wurde einem interessierten
Publikum und der Fachpresse zum
ersten Mal live vorgestellt. Volvo

Hubraum/Zylinder: 1780 ccm/4 Zyl.
PS/kW: 90/66
Bauzeit: 1961–1972
Stückzahl: ca. 40000

hatte zwar im Jahr zuvor ein Pressefoto des Erlkönigs freigegeben,
aber jetzt war der elegante zweisitzige Sportwagen mit völlig neuem
Motor endlich zu begutachten. In den ersten Jahren wurde dieses
Fahrzeug in England endmontiert, da Volvo in seinem ausgelasteten
Werk auf der Insel Hisingen bei Göteborg nicht über ausreichende
Kapazität verfügte. Der P 1800, nicht nur ein Sport-, sondern auch
ein hervorragender Reisewagen, erhielt in Kalifornien übrigens
einen Preis für sein überaus attraktives Design.

Felber FF

Auch die Schweiz war in den 60er
und 70er Jahren stets mit einigen
interessanten Automobilen auf den
internationalen Salons vertreten.
Willy Felber, Inhaber der Firma
Haute Performance Morges, überraschte mit schöner Regelmäßigkeit

Hubraum/Zylinder: 3967 ccm/12 Zyl.
PS/kW: 300/220
Bauzeit: 1974–1979
Stückzahl: –

die Fachpresse; denn die Automobile, die er auf die Räder stellte,
trafen gewiss nicht den Geschmack der breiten Masse. Der sündhaft
teure FF wurde beispielsweise auf einem Chassis des Ferrari 330 GTC
aufgebaut. Obwohl die Karosserie in gewisser Weise dem frühen
Ferrari 125 S ähnelte, hörte es Felber gar nicht gern, wenn man
seinen FF als Replikat bezeichnete. Angeblich sollen von dem FF
maximal zwei Dutzend Exemplare gebaut worden sein. Sicher ist
aber, dass dieses Auto mit Ferrari-Technik auch heute noch jede
Menge Fahrspaß verspricht.

AMC Javelin

Dieses Coupé von American Motors, dem kleinsten amerikanischen Automobilhersteller, wurde nicht nur in den Staaten, sondern auch in Deutschland gebaut! Die Karmann-Werke in Osnabrück nahmen sich in den 60er Jahren der Montage von

Hubraum/Zylinder:	5633 ccm/8 Zyl.
PS/kW:	230/168,5
Bauzeit:	1968–1972
Stückzahl:	–

287 Wagen an, doch die Vorurteile, die über amerikanische Automobile herrschten, ließen sich nicht beseitigen – das Projekt war zum Scheitern verurteilt. Vom Design her entsprach der Javelin durchaus europäischen Vorstellungen, erst der Blick unter die Haube offenbarte seinen wahren Charakter: Hier arbeitete ein V8-Aggregat, das seine Kraft wahlweise über ein manuelles Viergang- oder ein Drei-gang-Automatikgetriebe an die Hinterräder brachte. Während der Javelin auf dem deutschen Markt floppte, machte er in den Staaten Ford und Chevrolet Konkurrenz.

Buick Riviera

Buick, eine Marke des General
Motors-Konzerns, fertigte zu Beginn
der 60er Jahre noch immer Fahr-
zeuge, die auf einem klassischen
Kastenrahmenchassis aufbauten.
Das machte durchaus Sinn, denn nur
dieser Unterbau konnte Wagen mit
einem Radstand bis zu 3200 mm die notwendige Stabilität bieten.
Der 1963 vorgestellte Buick Riviera wurde übrigens von Bill Mitchell
entworfen, der in der Designabteilung die Nachfolge von Harley
Earl antrat. Das wuchtige Coupé, dessen Linienführung in späteren
Jahren sehr gelitten hat, verkaufte sich wegen seines interessanten
Preises durchaus gut – Buick lag generell unter dem Preisniveau
von Cadillac, machte aber in Bezug auf Ausstattung und Leistung
keinerlei Abstriche.

Hubraum/Zylinder: 6569 ccm/8 Zyl.
PS/kW: 325/238
Bauzeit: 1963–1965
Stückzahl: 112144

Cadillac Eldorado Hardtop Coupé

Dass frontangetriebene Fahrzeuge jede Menge Vorteile in sich vereinten, war den Automobilherstellern Mitte der 60er Jahre längst bekannt. Die meisten auf dem Markt erhältlichen Fronttriebler bewegten sich in den unteren Hubraumklassen, denn

Hubraum/Zylinder: 7025 ccm/8 Zyl.
PS/kW: 345/252,7
Bauzeit: 1967–1970
Stückzahl: –

man vertrat die Ansicht, dass dieses Konzept für großvolumige Motoren ungeeignet sei. Leider hatten die angeblichen Experten die Rechnung ohne Oldsmobile und Cadillac gemacht. Als Oldsmobile den Frontantrieb in der 7-Liter-Klasse salonfähig machte, musste Cadillac notgedrungen nachziehen, um keine Marktanteile zu verlieren. Man antwortete mutig mit dem Eldorado Hardtop Coupé, ohne zu wissen, ob die Käufer einen Fronttriebler mit 7 Liter Hubraum akzeptieren würden. Sie akzeptierten – der Hubraumriese (später 8,2 Liter) verkaufte sich gut.

Chevrolet Corvette Sting Ray

Chevrolets begehrter Sportwagen, die Corvette, verabschiedete sich zu Beginn der 60er Jahre von ihrem gewohnten Erscheinungsbild. Das neue Outfit, das den Jahrgang 1963 prägte, entstand nämlich nicht mehr am Zeichenbrett des Designers Har-

Hubraum/Zylinder: 5359 ccm/8 Zyl.
PS/kW: 250/183,1
Bauzeit: 1963–1967
Stückzahl: 45546 (nur Coupés)

ley Earl. Inzwischen war Bill Mitchell für die Linienführung verantwortlich, und der drückte dem Wagen, der ab nun auch als Coupé gebaut wurde, seinen eigenen Stempel auf. Zum Beispiel die geteilte Heckscheibe. Dieses sogenannte Split-Window, das es nur 1963 gab, unterstrich gekonnt die aggressive Form der nach wie vor aus Kunststoff gefertigten Karosserie. Wichtiger als das neue Erscheinungsbild aber war die Verbesserung des Fahrwerks – endlich profitierte die Corvette von einer unabhängigen Hinterradfederung!

Dodge Polara Hardtop-Coupé

Ein besonderes Kennzeichen des zweitürigen Dodge Polara des Jahrgangs
1964 war seine v-förmig gestylte
C-Säule, die dem Wagen nicht nur
Sicherheit und Stabilität, sondern
auch ein filigranes Erscheinungsbild
gab. Mit dem Debüt dieses Modells

Hubraum/Zylinder:	5210 ccm/8 Zyl.
PS/kW:	233/170,7
Bauzeit:	1964
Stückzahl:	–

konnte die Marke gleichzeitig ihr 50stes Firmenjubiläum feiern.
Vielleicht wollte es der Zufall, dass 1964 auch das bisher erfolg-
reichste Geschäftsjahr war. Zur Grundausstattung des Polara, den
es noch in zahlreichen anderen Karosserievarianten gab, zählte ein
automatisches Dreiganggetriebe. Entsprechend dem Modell Dart,
hatten Polara-Käufer die Wahl zwischen einem Sechszylinder-Rei-
henmotor (Spitze 156 km/h) oder einem drehmomentstärkeren
V8-Aggregat, das bis auf 180 km/h beschleunigte.

Ford Mustang

Der Automobilmarkt in den USA hatte in den 50er Jahren einige Überraschungen zu bieten, mit denen kaum jemand gerechnet hatte: Erst erschien mit der Corvette ein handlicher Sportwagen, der sich vom Start weg gut verkaufte. Dann antwortete

Hubraum/Zylinder:	3273 ccm/6 Zyl.
PS/kW:	122/89,3
Bauzeit:	1964–1967
Stückzahl:	–

Ford mit dem Thunderbird und wunderte sich, dass der Markt noch immer für die etwas kleineren Sportwagen offen war. Das Gros der etwas kleineren Wagen kam aber aus Großbritannien oder Italien, und Ford überlegte, wie man diesem Import einen Riegel vorschieben konnte. Die einzige Möglichkeit war, mit einem weiteren kleinen Modell zu antworten. Lee Iacocca, seinerzeit Chef im Hause Ford, hatte eine Idee, und genau die sollte ab 1964 in Form des Ford Mustang auf dem Sportwagenmarkt für Aufmerksamkeit sorgen.

Lincoln Continental Mk III

Mit der Präsentation des Lincoln
Continental Mk III wurde die bisher
gebaute Cabriolet-Version aus dem
Programm gestrichen, und als weitere Überraschung kehrte Lincoln
plötzlich wieder zum alten Kastenrahmenchassis zurück. Warum sich
Lincoln für diesen Schritt nach hinten entschied, blieb ein Geheimnis – immerhin war der Mk III nicht länger, sondern um einiges
kürzer geworden (Radstand 2980 mm). Die Fachpresse interpretierte
dieses hochwertige Fahrzeug als Antwort auf Cadillacs großen
Eldorado. Zu den besonders interessanten Ausstattungsdetails des
Lincoln gehörte natürlich die Verwendung von Leder im Interieur,
aber auch das Äußere des Wagens sorgte für Bewunderung: Zum
Beispiel die hinter Klappen verborgenen Frontscheinwerfer oder die
in den Kofferraumdeckel eingearbeitete Silhouette des Faches für
das Reserverad.

Hubraum/Zylinder: 7536 ccm/8 Zyl.
PS/kW: 370/271
Bauzeit: 1969–1970
Stückzahl: –

Oldsmobile Toronado

Noch zu Beginn der 60er Jahre vertraten viele Automobilhersteller die
Meinung, dass der Frontantrieb nur
eine optimale Lösung für Fahrzeuge
der unteren Hubraumklassen sei.
Oldsmobile bewies genau das Gegen-
teil und präsentierte 1966 mit dem

Hubraum/Zylinder:	6995 ccm/8 Zyl.
PS/kW:	380/278,3
Bauzeit:	1966–1970
Stückzahl:	143 134

Modell Toronado einen frontangetriebenen Wagen, der mit einem
V8-Motor der 7-Liter-Klasse bestückt wurde. Im Rahmen der
Modellpflege wurde das Aggregat später sogar auf 7,5 Liter Volumen
erweitert. Alles funktionierte tadellos, und bald hatte das riesige
Coupé auch einen Mitbewerber aus dem Hause Cadillac, den Fleet-
wood Eldorado. Der Karosserieentwurf des Toronados ist übrigens
das Werk des Designers Bill Mitchell – er gab dem 5400 mm langen
Aufbau das „gewisse Etwas", das den 200 km/h schnellen Wagen
optisch interessant machte.

Pontiac Firebird

Als jüngste Marke des General
Motor-Konzerns präsentierte Pontiac
1966 einen zum Chevrolet Camaro
konkurrierenden Wagen, den Firebird. Wie sein konzerneigenes
Gegenstück gab es dieses Modell in
einer Coupé-Version und als Cabrio-

Hubraum/Zylinder:	5340 ccm/8 Zyl.
PS/kW:	253/185,3
Bauzeit:	1967–1969
Stückzahl:	–

let. Der Firebird (Feuervogel) besaß einen selbsttragenden
Karosserieaufbau, was bei Pontiac längst noch nicht dem
Standard entsprach. Zwar hatte man schon bei anderen Modellen
diese moderne Bauweise favorisiert, doch das inzwischen veraltete
Kastenrahmenchassis hatte bei einigen Baumustern noch keineswegs
ausgedient. Ein breites und sorgfältig abgestuftes Motorenspektrum
ließ kaum Wünsche offen, gegen Aufpreis gab es als empfehlens-
wertes Extra für die besonders leistungsstarken Versionen Scheibenbremsen.

Volkswagen Karmann Ghia TC

Dieser etwas eigenwillig gestylte VW Karmann Ghia TC war schon zu Bauzeiten ein in Europa kaum bekanntes Exemplar. Das flott aussehende Automobil entstand nämlich als Weiterentwicklung der uns bekannten Karmann Ghia-Modelle

Hubraum/Zylinder: 1584 ccm/4 Zyl.
PS/kW: 54/40
Bauzeit: 1970–1975
Stückzahl: ca. 18000

beim brasilianischen Tochterunternehmen Karmann Ghia do Brasil. 1960 wurde das brasilianische Werk des Osnabrücker Karosseriebauspezialisten in unmittelbarer Nachbarschaft zu VW do Brasil gegründet. Der Karmann Ghia TC – das Kürzel TC stand für „Touring Coupé" – wurde 1970 der Öffentlichkeit präsentiert und war ausschließlich für den südamerikanischen Markt bestimmt. Eigentlich schade, denn der TC, der werksintern unter dem Namen „Minas" lief, hätte mit seinem angenehmen Erscheinungsbild sicherlich auch bei uns eine Marktchance gehabt.

Honda S 800 Cabrio

1966 debütierte nicht nur im Land der aufgehenden Sonne, sondern auch auf dem Pariser Automobilsalon der aus dem Honda S 600 weiterentwickelte Typ S 800. Dieses elegante Automobil wurde mehr als erfolgreich nach Europa exportiert und hatte als extrem sportlich angehauchter Kleinwagen das Zeug, sogar aussichtsreich gegen einige britische Sportwagen mit größerem Hubraum zu konkurrieren. Der Leistungsabgabe angemessen, besaß der S 800 entgegen seinen Vorgängern nun ein verbessertes Getriebe, und die Kraftübertragung zur Hinterachse erfolgte nicht mehr per Einzelradketten, sondern mittels eines üblichen Hypoid-Achsantriebs. Außerdem erhielt der schnelle Wagen vordere Scheibenbremsen. Gegen Aufpreis konnte für das Cabriolet ein Hardtop geordert werden.

Hubraum/Zylinder: 791 ccm / 4 Zyl.
PS/kW: 70/51,2
Bauzeit: 1966–1970
Stückzahl: ca. 11 400

Toyota Sports 800

Als Toyota 1961 mit dem Modell „Publika" eine Limousine der 700-ccm-Hubraumklasse auf den japanischen Markt brachte, dachte Designer Shozo Sato längst über eine hübschere Verpackung des Wagens nach. An seinem Zeichenbrett ent-

Hubraum/Zylinder: 790 ccm/2 Zyl.
PS/kW: 49/92,2
Bauzeit: 1965–1979
Stückzahl: ca. 3300

stand die Linienführung, die dem Wagen 1965 zum zweiten Auftritt verhalf – diesmal nannte man ihn Toyota Sports 800. Der flotte Sports mit seinem leicht vergrößerten luftgekühlten Boxermotor wurde ausschließlich für den japanischen Markt gebaut. Das Dachmittelteil der selbsttragenden Stahlkarosserie ließ sich bei Bedarf abnehmen – Porsche machte diese Konstruktion unter dem Namen „Targa" zum Begriff. Um reichlich Sportwagenfeeling aufkommen zu lassen, bestückte Toyota das Armaturenbrett des Sports mit vielen Instrumenten, doch die 100 km/h-Markierung konnte erst nach 13,3 Sekunden erreicht werden.

Toyota 2000 GT

**Das einzige echte japanische „Agen-
ten-Auto"** hieß Toyota 2000 GT und
war nicht nur auf fernöstlichen Straßen, sondern auch auf der Leinwand
zu sehen: Und zwar in dem englischen Streifen „Man lebt nur zwei-
mal" – da wurde der 2000 GT von
James Bond als Dienstwagen-Cabriolet genutzt. Entgegen japani-
schem 60er-Jahre-Design zeigte sich der flotte Sportwagen mit
einer besonders interessanten Linienführung – die entstand nicht
in Japan, sondern in den USA am Zeichenbrett des Design-Gurus
Graf Albrecht Goertz. Um den 2000 GT schnell bewegen zu können,
wurde er mit einem Sechszylindermotor bestückt. Das von Yamaha
konstruierte Aggregat verfügte über zwei obenliegende Nockenwellen und stand vergleichbaren europäischen Triebwerken in
nichts nach.

Hubraum/Zylinder:	1988 ccm/6 Zyl.
PS/kW:	150/110
Bauzeit:	1967–1970
Stückzahl:	351

Autor und Verlag bedanken sich bei allen, die zur Bebilderung des Buches beigetragen haben. Ganz besonderer Dank gilt Herrn Müller-Brunke in Engelsberg, der uns viele Motive aus seinem Archiv zur Verfügung stellte. Hans G. Isenberg aus Fellbach leistete vor allem mit historischem Bildmaterial einen wertvollen Beitrag, und last but not least trugen auch das Automuseum in Melle, die Imperial Palace Automobil-Collection in Las Vegas sowie die Pressestellen der Automobilindustrie zum Gelingen des Werkes bei: BMW Group Mobile Tradition, Daimler AG, Fiat SpA, General Motors Konzern, Peugeot SA, Porsche Automobil Holding, Rolls-Royce & Bentley Motor Cars, Volkswagen AG.